趣味物理实验

〔俄〕雅科夫 · 伊西达洛维奇 · 别莱利曼　著
李薇薇　译

四川大學出版社
SICHUAN UNIVERSITY PRESS

图书在版编目（CIP）数据

趣味物理实验 /（俄罗斯）雅科夫·伊西达洛维奇·别莱利曼著 ; 李薇薇译 . — 成都 : 四川大学出版社，2024.6

ISBN 978-7-5690-5292-3

Ⅰ. ①趣… Ⅱ. ①雅… ②李… Ⅲ. ①物理学－实验－普及读物 Ⅳ. ① 04-33

中国版本图书馆 CIP 数据核字 (2021) 第 277766 号

书　　名：趣味物理实验
　　　　　Quwei Wuli Shiyan
著　　者：〔俄〕雅科夫·伊西达洛维奇·别莱利曼
译　　者：李薇薇

选题策划：王小碧　宋彦博
责任编辑：宋彦博　刘一畅
责任校对：王心怡
装帧设计：牧田文化
责任印制：王　炜

出版发行：四川大学出版社有限责任公司
　　　　　地址：成都市一环路南一段 24 号（610065）
　　　　　电话：（028）85408311（发行部）、85400276（总编室）
　　　　　电子邮箱：scupress@vip.163.com
　　　　　网址：https://press.scu.edu.cn
印前制作：北京牧田文化传播有限公司
印刷装订：北京长宁印刷有限公司

成品尺寸：170mm×240mm
印　　张：7.25
字　　数：126 千字

版　　次：2024 年 6 月 第 1 版
印　　次：2024 年 6 月 第 1 次印刷
印　　数：1-10030 册
定　　价：39.00 元

扫码获取数字资源

四川大学出版社
微信公众号

目 录

第一章　一些简单有趣的物理实验

把鸡蛋竖起来的方法有几种？

一个小学生在其作文中写过这样一句话：“哥伦布是一位伟人，他发现了美洲，并且把鸡蛋竖了起来。”在这个小学生的眼中，发现美洲和竖起鸡蛋这两件事，是并驾齐驱的，它们都值得称赞。然而，美国幽默作家马克·吐温认为，哥伦布发现新大陆这件事一点儿也不值得大惊小怪：“如果他哥伦布没有发现美洲，那才奇怪呢。”

我的看法与马克·吐温恰好相反，我认为，第二件事——把鸡蛋竖起来，是没什么了不起的。小朋友，你知道勇敢的航海家哥伦布是怎样使鸡蛋竖起来的吗？其实哥伦布的方法很简单，就是把鸡蛋的一端敲破，使其稳稳地立在桌上。但是，哥伦布竖鸡蛋的方法改变了鸡蛋的形状。那么，有没有既不改变鸡蛋形状，又能使鸡蛋竖起来的方法呢？

其实，使鸡蛋完好无损地立在桌上这件事比漂洋过海发现新大陆要简单得多。下面，我们一起来看看把鸡蛋完好无损地竖起来的三种方法。用第一种方法可以把煮熟的鸡蛋竖起来，用第二种方法能把生鸡蛋竖起来，用第三种方法则能把生鸡蛋、熟鸡蛋都竖起来。

第一种方法是旋转鸡蛋，使其短暂地竖立在桌子上。这种方法只适用于熟鸡蛋。要想把熟鸡蛋竖起来，只需要把鸡蛋的大头端放到桌子上，用手拨动它，使鸡蛋快速地旋转起来，就像玩陀螺那样。在熟鸡蛋停止转动之前，它都是竖立在桌面上的。这种方法非常简单，小朋友多试几次，就能很容易地使熟鸡蛋旋转起来了。

然而，第一种方法一般只适用于熟鸡蛋，因为生鸡蛋的蛋白和蛋黄是液态的，具有一定的流动性，很难跟蛋壳一起快速运动，甚至还会对蛋壳的运动产生一定的阻碍作用。

那么，生鸡蛋就一定不能完好无损地竖立在桌面上吗？答案当然是否定的。下面我们一起来看第二种方法，这种方法只适用于生鸡蛋。另外，这也是鉴别生鸡蛋和熟鸡蛋的一种简单方法。第二种方法是：用力摇晃生鸡蛋，使其蛋黄外面的薄膜破裂，蛋黄就会流出薄膜；然后把生鸡蛋的大头端朝下，快速且小心地将其立于桌面上，静置一段时间。因为蛋黄比蛋清要轻，过一会儿，蛋清就会汇聚到蛋壳底部。这样处理过的生鸡蛋，重心下移，稳定性更强，所以，相比于没有摇晃过的生鸡蛋，它会更容易立在桌面上。

最后，我们一起来看第三种方法：取一个细口瓶，将瓶口塞住，注意保持瓶口的平整，把鸡蛋放在瓶塞上。然后取两把叉子，对称地插在一个软木塞上。最后把软木塞和叉子放到鸡蛋上（见图 1）。这个“系统”非常稳定，轻轻地倾斜瓶子，也能保持平衡。为什么软木塞和鸡蛋都掉不下来呢？对此，科学家的解释是：这个“系统”的重心比支持点低。也就是说，在这个“系统”中，重量集中的那个点，比支撑物体的那个点还要低，所以该“系统”会一直保持平衡。同样的道理，如果我们在铅笔上插上一把小刀，就可以把铅笔竖立在手指上，不掉下来（见图 2）。

图 1

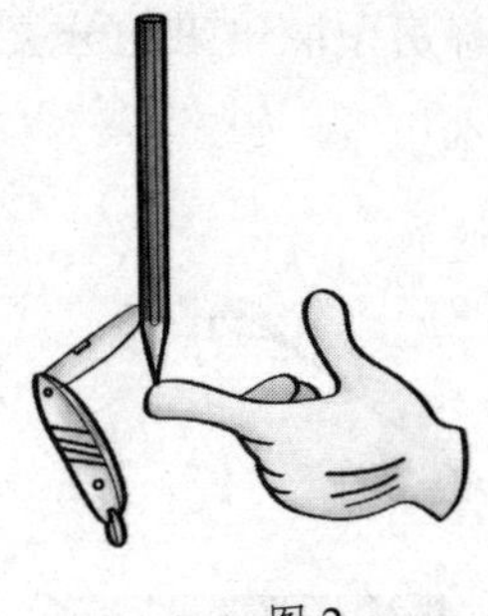

图 2

离心力有什么作用？

打开一把伞，让伞的顶端正对着地面，然后用力拨动，使伞快速转动起来，同时，往伞里面扔一个轻质、不易碎的东西，如小球、纸团或者手绢。出乎意料的事情发生了：伞好像不乐意接受任何礼物——小球或者手绢在伞里面一直向上溜到伞的边缘，然后沿着边缘的切线方向直直飞了出去。

在这个实验中，人们一般把将小球抛出去的力称为“离心力”。准确地说，应该称为“惯性离心力”。

只要物体进行圆周运动，就会产生离心力。离心力本质上就是惯性（惯性是指运动的物体具有维持原有运动方向和速度的倾向）的一种表现方式。

一、生活中的离心力作用

我们在生活中遇到的离心力现象，远比我们认为的要多。比如，如果你在绳子的一端系上一块石头，把石头抡起来，你会觉得绳子被绷得很紧，甚至快要断掉了（见图 3）。古时候，人们在打仗时，用投石器抛石头，攻击别人，就是利用了离心力原理。如果利用得好，离心力原理还能帮我们变魔术：将一个杯子倒置，杯子里面的水也不会洒出来。要完成这个魔术，只需要让杯子快速做圆周运动。离心力原理还能够帮助马戏团的自行车表演者完成令人叹为观止的“超级筋斗”（见图 3）。还有利用离心力原理分离液体与固体颗粒或液体与液体的混合物（例如把奶油从牛奶中分离出来）的离心机、利用离心力原理把蜂蜜从蜂房中取出来的分蜜机（摇蜜机）、利用离心力原理甩干物件水分的离心脱水机等。

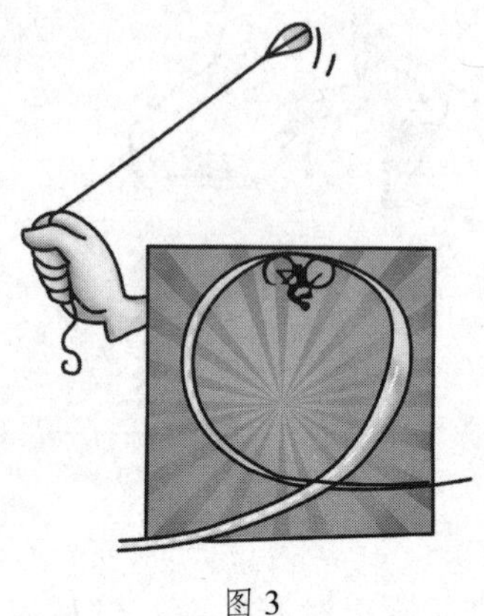

图 3

当轨道列车突然改变行驶路线，从一条路急转入另一条路时，车上的乘客会很明显地觉得有一股力量把自己甩向转弯方向的外侧，这也是离心力的作用。因此，轨道列车外侧的轨道应该比内侧稍高些，这样的话，列车在转弯时会略微向内倾斜。如果不这样铺设轨道，轨道列车在快速转弯的时候，很有可能因为离心力的作用发生翻车事故。这件事听起来有些匪夷所思：适当倾斜的列车轨道居然比水平的更安全！

然而，事实就是这样。一个小小的实验就能帮你理解这里面的道理：将一张硬纸板卷成一端大一端小的圆锥形，或者用家里宽口、呈喇叭形的碗，或者是圆锥形的玻璃罩或金属罩，如灯罩等。在准备好上面提到的任意一种东西后，把硬币、金属片或戒指放到里面，转动容器，使硬币或金属片沿着容器壁做圆周运动。这时，我们可以清晰地看到，硬币或金属片在运动的过程中，会逐渐向内侧倾斜。随着物品运动速度的减缓，其圆周运动的幅度逐渐变小，慢慢地趋近容器的中心。但是，如果我们再次小心地转动容器，容器里面物品的运动速度又会重新加快，圆周运动的半径也会加大。如果运动速度过快，容器里面的物品也很有可能会飞出容器。

进行自行车比赛的时候，赛车场里面铺设有特殊的环形赛道。在那儿我们可以明显地看到，这些赛道在转弯的地方，尤其是在急转弯的地方，都是向内侧倾斜的。自行车选手在弯道上行驶时，身体都会很明显地倾斜。然而，自行车选手们在这样的弯道上，不仅没有摔到，反而更加稳定。读到这里，大家应该都能想到，马戏团的自行车表演者能够在倾斜的圆环状木板上绕圈骑行，完成所谓的“超级筋斗”，也没有什么值得大惊小怪的。其实，对骑自行车的人来说，在平稳、平行的道路上骑车才是件困难重重的事情呢。同理，赛马选手在急转弯时，也会将身体向内倾斜。

二、地球上的万物都受到离心力的作用

接下来，我们将从生活中的小事件扩展到更广阔领域的大问题。我们生活的地球在不停地转动，所以，地球上的万物也都应该受到离心力的作用。离心力的作用一般体现在哪些地方呢？答案是，由于地球的旋转，地球表面所有东西的重量都变得比实际要轻。距离赤道越近的物体，它在 24 小时之内转动的距离就越大。也就是说，物体距离赤道越近，其运动的线速度越快，因此减少的重量就越大。1 千克的砝码，如果你先在两极用弹簧秤称重量，再拿到赤道重新称重量，你会发现，重量少了 5 克。当然，5 克不能算是很大的数字，这个差别不算大。但是事实上，物体越重，差别越大。一辆蒸汽车，从阿尔汉格尔斯克（俄罗斯城市，北临北冰洋）到敖德萨（现乌克兰城市，位于黑海西北），重量会减少 60 千克，这约等于一个成年人的重量。重 2 万吨的舰船，从白海到黑海，重量会减少 80 吨，这大约是一辆蒸汽车的重量。

为什么会产生上面这些现象？因为地球在做旋转运动，运动过程中的离心力会将地球表面的所有东西都抛出去，就像实验中做旋转运动的伞会把伞中的小球抛出去一样。地球表面的东西受地球旋转的离心力作用，倾向于飞离地球，但是又受到地球引力的作用。人们一般把这种引力称为重力。尽管地球不能把地球表面的东西都抛出去，但是减少它们的重量还是做得到的。这就是物体的重量会随地球的旋转而发生变化的原因。

物体旋转的速度越快，重量的减少就越明显。根据科学家们的推算，如果地球以目前转速的 17 倍旋转，那么赤道上的东西将会彻底失去重量。如果旋转速度再快些，如每小时自转一周，那么不只是在赤道上的东西，就连赤道附近的东西都会完全失去重量。

思考一下，东西失去重量，这代表着什么呢？这表明，没有什么东西是你举不起来的，如蒸汽车、巨石、巨型炮台、军舰、汽车和武器等等。举起这些东西就跟举起一根羽毛一样轻松。如果你把它们扔了下去，放心，它们不会伤害到任何人。因为它们其实并没有落下来——它们没有重量，你在哪里放开它们，它们就飘浮在哪里。比如，你乘坐热气球上升到空中，把自己周围的东西扔到热气球外面，这些东西也不会掉下来，仍然飘浮在空中。那样的世界是多么神奇呀：你能跳到以前跳不到的高度，甚至跳得比高大的建筑物和山还要高，这在现在是异想天开的事。只是别忘了这一点：往上跳是件很容易的事，但是要想跳回来就很难了。因为没有了重量，向上跳起后是不会自己往下落的。

另外，你也会有其他的烦恼。想象一下这样的情况：不论是大的物品还是小的物品，如果没有东西固定它们，那么，只要有一缕轻风吹过，所有的东西都将飘浮在空中。人、各种动物、小汽车、货车、轮船，一切东西都横七竖八地飘浮着，它们飘浮的时候还可能会发生碰撞，造成损坏。

如果地球的旋转速度太快，就会发生上述情况。

趣味小知识：

棉花糖的制作过程也利用了离心力的作用。棉花糖机的外形像一个大碗，机器中间有个加热腔。蔗糖在加热腔中受热融化成糖浆，加热腔高速旋转，糖浆在离心力的作用下经由小孔喷射到“碗”中，就有了蓬松的棉花糖。

如何制作漂亮的陀螺？

在下面的一系列图片中我们能看到10种用不同方法制作成的陀螺。我们可以利用这些陀螺来完成一些有趣的实验。做出这些陀螺其实并不算难，不需要其他人的帮助，甚至也不用花钱，我们自己就可以动手制作这些陀螺。

下面让我们一起看看怎么制作这些陀螺吧。

如果你可以找到如图4所示的有5个小孔的扣子，那么想要制作一个陀螺就很简单。在扣子中间的小孔中穿入一根一端被削尖了的火柴棍，第一种陀螺就制作完成了。这种陀螺，利用火柴棍的尖头和钝头都能旋转。想要用钝的这头旋转，只需将钝头向下，用手指迅速搓动陀螺的轴，同时快速地把陀螺丢在桌面上。这时，转动的陀螺摇摇晃晃，非常有趣。

图 4

找不到带孔的扣子也没关系，这时可以用很常见的软木塞来制作陀螺。从软木塞上切下一个厚薄均匀的圆片，把火柴棍穿过圆片，第二种陀螺就制作完成了（见图 5）。

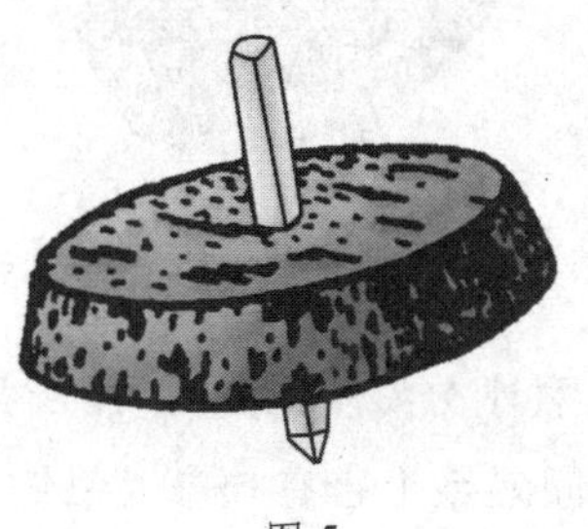

图 5

在图 6 中，你可以看到一种独特的陀螺——核桃陀螺。使核桃尖尖的一头向下，再把一根火柴棍扎进核桃较平的那头，就可以制作出一个核桃陀螺了。捏住火柴棍，快速搓动，核桃陀螺就旋转起来了。

图 6

还有一种更好的方法：找到一个又大又平整的软木塞（或者瓶子上面的塑料盖），用烧红的铁丝或金属毛衣针在软木塞的正中间烧一个洞，然后在洞里插入削尖的火柴棍，第四种陀螺就制作完成了。用这种方法制作的陀螺，旋转时间长，而且旋转平稳。

接下来给大家介绍一种独特的陀螺制作方法：找到一个圆盒子（如护肤霜盒子），用一根削得尖尖的火柴棍从圆盒子的正中间穿过。请注意，必须在小孔中滴上几滴蜡，这样才能将火柴棍固定在小圆盒中间而不会滑动（见图 7）。

图 7

接下来，我们会制作一种十分好玩的陀螺。用一张硬纸板剪出一个小圆片，在小圆片的周围按均匀的间隔系上带有扣鼻（吊钩）的球形纽扣。当陀螺转动的时候，纽扣会沿着小圆片的切线方向飞起来，连接纽扣和小圆片的线会绷得很紧，这个时候，你就可以感受到前面提到过的离心力作用（见图 8）。

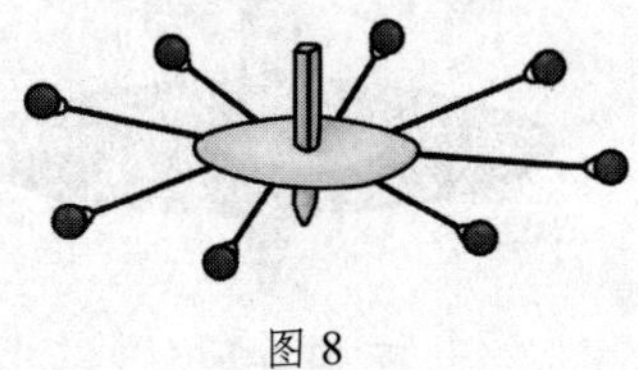

图 8

下面这种制作陀螺的方法和前面的有点像：在大头针上穿上彩色的小圆珠，从软木塞上切下一个小圆片，再把大头针插到小圆片上，并在圆片中间插一根轴，陀螺就制作完成了（见图 9）。这种陀螺在旋转的时候，陀螺上的小圆珠会因为离心力的作用向大头针针帽的方向移动。如果光照情况好，在陀螺旋转的过程中，插在陀螺上的大头针会产生银白色的光带，小圆珠则会产生彩色的光环，彩色的光环叠在银白色的光带上，十分美丽。如果想欣赏到更美丽的景象，可以把陀螺放到平滑的盘子中旋转。

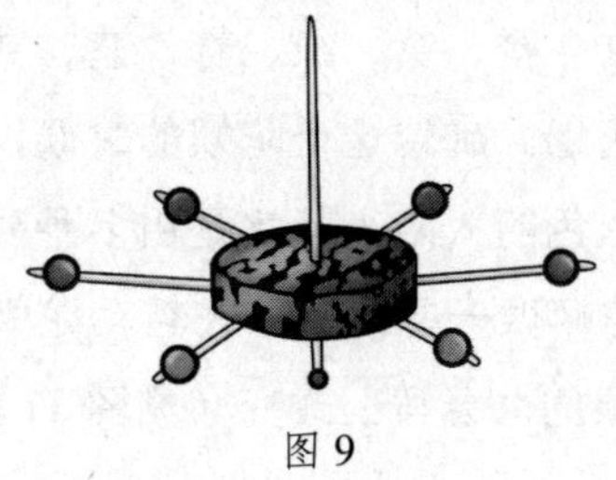

图 9

第八种是彩色陀螺（见图 10）。虽然这种陀螺的制作过程比较烦琐，但是一旦你欣赏到它令人叹为观止的旋转效果，就会感到为此花费心血是值得的。这种陀螺的制作方法是：找到一张硬纸板，剪出一个小圆片，从小圆片中间扎入一根削得尖尖的火柴棍。在用硬纸板剪成的小圆片上，过圆心画几条线段，把圆平均分成几份，就像分蛋糕一样。在分出来的大小一样的扇形上，相间地涂上黄色和蓝色。这样，陀螺在旋转的时候，我们会观察到什么呢？硬纸片的颜色既不是蓝色，也不是黄色，而是绿色——这是黄色和蓝色在旋转过程中“混合”形成的。

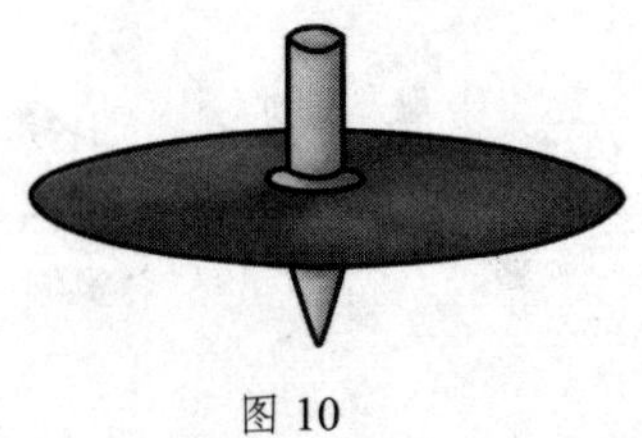

图 10

你可以接着进行混合色彩的实验：在圆形纸片的扇形区域中涂上天蓝色和橙黄色，二者相间分布。这种情况下，在陀螺旋转的时候，纸片呈现在我们眼前的颜色不是黄色，而是白色。准确地说，应该是淡灰色，而且天蓝色和橙黄色的饱和度越高，灰色就越淡。在物理学中，如果两种颜色混合之后得到白色，那么这两种颜色就是“互补色”。通过制作这种彩色陀螺，我们可以明白，天蓝色和橙黄色是互补色。

如果你能找到很多种颜料，那么你就可以进行一个实验。在 300 多年前，英国科学家牛顿首次进行了这种实验。实验过程是这样的：把圆纸片平均分成 7 个扇形，分别涂上红、橙、黄、绿、青、蓝、紫 7 种颜色，并以这种圆纸片为材料，制作一个陀螺。旋转这个陀螺的时候，这 7 种颜色会混合成灰白色。这个实验表明：白色的太阳光其实是由多种颜色的光组成的。

我们还可以对彩色陀螺做一些改变：在转动陀螺的时候，在转轴上套一个纸圈。此时，纸片的颜色也会马上改变（见图 11）。

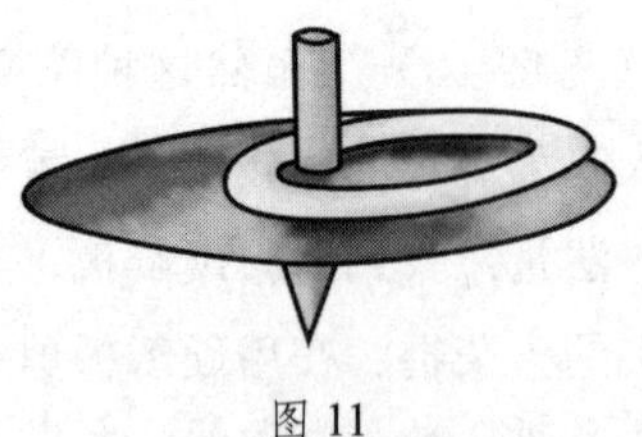

图 11

第九种是会作画的陀螺（见图 12）。这种陀螺的制作方法和上面的方法类似。区别在于，转轴不是用一端尖尖的火柴棍或小棍，而是用削好的铅笔。把制作完成的陀螺放在稍稍倾斜的硬纸板上。陀螺转动的时候，会缓慢地沿着纸板倾斜的方向向下运动，同时，铅笔会绘制出螺旋形的陀螺运动轨迹。螺旋形的圈数可以很容易就数出来。因为陀螺每旋转一周，铅笔就会同时绘制出一圈运动轨迹。所以，结合手表，就能够计算出陀螺1秒钟旋转了多少圈。如果只用眼睛观察，想要数清楚陀螺转了多少圈是很困难的。

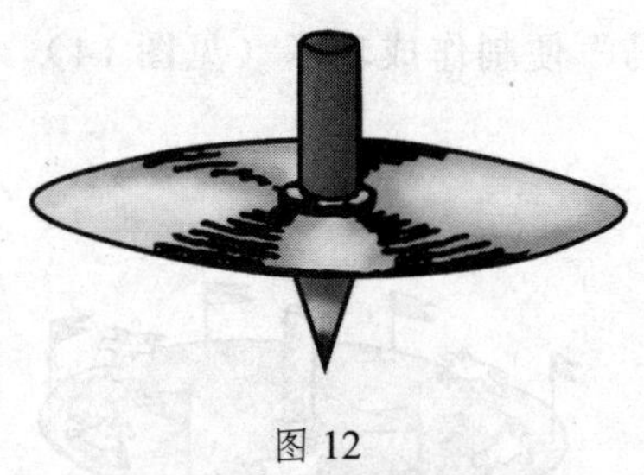

图 12

接下来介绍另外一种会绘画的陀螺。制作这种陀螺需要准备一块圆形的铅片。在铅片的中间打一个小洞（因为铅很软，所以比较容易打洞），然后在小洞的两侧再分别打一个小洞。

在中间的小洞中插入一根削得尖尖的小棍，在边上的一个小洞中穿过一段涤纶线或者一根头发，线或者头发的下半段要比陀螺的转轴长一点，然后用截断的火柴棍将其固定住。余下的第三个小洞不用，这个洞的作用只是保持铅片两边的重量平衡，不然的话，陀螺会因为重量不平衡而不能平稳地旋转。

至此，第九种会绘画的陀螺就制作完成了。但是，为了实验的顺利进行，我们还需要一个熏烤过的盘子。首先把盘子放到柴火或者蜡烛的火焰上熏烤一会儿，盘子表层会出现一层浓重的黑色烟痕，然后把陀螺放到盘子里。在陀螺转动的时候，线或头发的尾部会在烟痕上扫出白色的纹路。这些纹路虽然凌乱，但是很漂亮（见图13）。

图 13

还有最后一种陀螺——旋转木马陀螺。说到旋转木马陀螺，你是不是认为制作起来会很难呢？其实它的制作方法比你预想的要简单得多。这种方法用到的圆片和转轴，与前面介绍的制作彩色陀螺时的一样。在圆片上用大头针对称且均匀地插上旗子，然后再在圆片上均匀地固定上骑着马的士兵，“微型旋转木马”便制作成功了（见图 14）。我们可以用它来哄弟弟妹妹们开心。

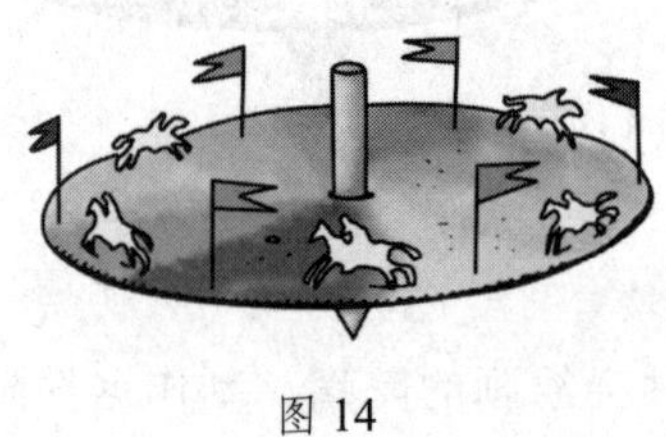

图 14

碰撞后的物体如何运动?

不管是在意外情况下，还是在游戏中，两个物体，如两艘船、两列轨道列车或者两个槌球撞在了一起，物理学家都称其为“碰撞”。碰撞的发生只在片刻间，然而，在通常情况下，相互碰撞的东西都是有弹性的。这样的话，两个物体在碰撞中其实经历了一系列很复杂的过程。

物理学家将弹性碰撞的过程分成了以下三个阶段。

第一阶段：两个碰撞的物体在彼此碰到的地方相互挤压。

第二阶段：物体挤压变形的程度达到最大。这个时候，随着挤压过程产生的弹力会阻止挤压的继续进行，因为弹力平衡了挤压产生的力。

第三阶段：弹力会把物体推向与挤压方向相反的方向，使物体恢复在第一阶段被挤扁的外形。我们也可以发现：如果一个槌球去撞另一个静止的、质量与之一样的槌球，那么，在两球相撞的时候，因为反作用力，主动碰撞的槌球会停止运动，而被撞的那个槌球就会以第一个槌球撞击它的速度开始运动。

我们可以进行一个有趣的实验：准备一些大小、质量都一样的槌球，然后使其中一个槌球撞向一排呈一字形紧密排列的槌球，会发生什么呢？答案是排成一排的槌球把第一个球因碰撞受到的力挨着传递了过去，但是在传递的过程中，只有离碰撞点最远的球快速地飞了出去，其他的球都保持静止不动。这是因为距离碰撞点最远的那个球不能把受到的冲击力传递给其他的球，也不能再受到其他球的反冲力了。

做这个实验的时候，如果不用槌球，用棋子或者硬币也可以成功。如图15所示，我们可以把棋子排成长长的一列，并保证它们紧挨着。用手指摁住第一个棋子，用木制尺子撞击其侧边，这个时候我们就能观察到，中间的棋子都保持静止，只有最后一颗棋子飞了出去。

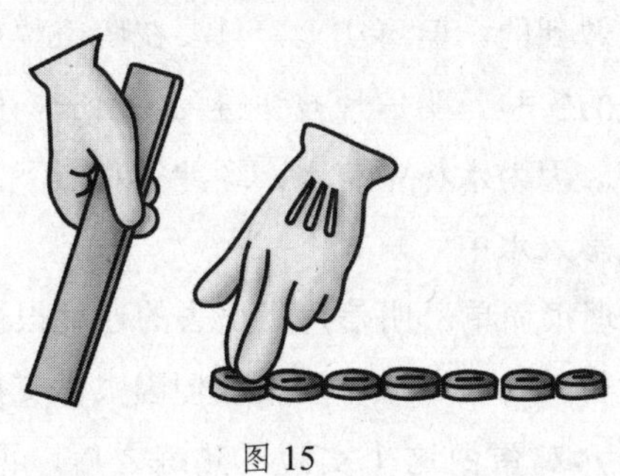

图15

鸡蛋为何不会滚落?

杂技演员能在保证桌面上的东西（如盘子、水杯、瓶子等）不动的情况下，把桌布抽出来，使观众叹为观止。其实，这个表演并没有多么奇妙，也不需要什么特别的技巧，只要表演者动作敏捷并多加练习，熟练之后就可以做到。

我们可以做一个类似的小实验。首先，我们要准备四样东西：一个装有半杯水的水杯、一张或半张明信片（半张的更好）、一个大一些的戒指（可以是男士的）、一个熟鸡蛋。然后，按下面的方法摆放这四样东西：把水杯放在平稳的桌面上，明信片盖在水杯上，戒指放在明信片上，最后把鸡蛋竖着放在戒指上（见图16）。这时，如果我们快速抽出明信片，鸡蛋会不会滚落到桌子上呢?

图 16

仅凭第一感觉，我们会认为这跟杂技演员表演抽桌布而让桌布上的杯盘不动一样，是很难做到的。但事实上，只要在明信片边缘用手指轻轻一弹，就能完成这个神奇的实验。明信片被弹得飞了出去，而鸡蛋则会和戒指一起平稳地落入水杯中。因为水杯中有水，缓冲了鸡蛋下落时受到的力，所以鸡蛋可以完好无损地落入水中。

这个实验的原理很简单：明信片飞出去的速度很快，它施加在鸡蛋上的力的作用时间很短暂，鸡蛋还来不及滚动便因失去支撑而落入水中了。

我们可以先用熟鸡蛋做这个实验，熟练之后，再试试将熟鸡蛋换成生鸡蛋。

如果你想一次就成功地完成这个实验，可以降低一下实验难度：把一张或半张明信片（半张的更好）放在手心中，在明信片上放一枚相对较重的硬币。接着用手指弹明信片，这时你会发现，明信片飞了出去，而硬币还在手中。

为什么纸带比木棍还结实？

魔术师经常会在舞台上表演一些看起来很神奇的魔术，但这些魔术其实都很容易。例如，在一根长木棍的两端挂上两条纸带，一条纸带挂在剃须刀的刀片上，另一条纸带挂在一支烟斗上（见图 17）。魔术师举起另外一根木棍，用力地敲击挂在纸带上的长木棍。结果会怎么样呢？——挂在纸带上的长木棍被打断了，而两条纸带却毫发未伤。

图 17

这个实验的原理跟前一个实验类似。因为冲击力非常大，发生作用的时间非常短，此时无论是纸带，还是木棍的两头，都来不及产生任何运动。只有受到直接敲击的那部分木棍产生了运动，所以只有木棍被打断了。成功完成这个实验的关键在于：敲击木棍的速度要够快、力要够大。如果敲击的速度慢或者力量小，断掉的就不会是木棍，而是纸带。

有些水平高的魔术师，甚至可以将纸带换成玻璃杯，并在一点也不弄坏玻璃杯的情况下，把架在两个玻璃杯上的木棍打断。

跟大家介绍这些，并不是想要你们完成同样的魔术，但是你们可以尝试稍微简单些的实验：把两支铅笔放到桌子的边上，铅笔要超出桌子边缘一些，然后在铅笔超出桌子边缘的部分上面放置一根细长的木棍（见图 18）。用一把尺子快速、猛烈地劈向木棍的中间，你会发现，木棍会断裂成两截，而铅笔仍保持不动。

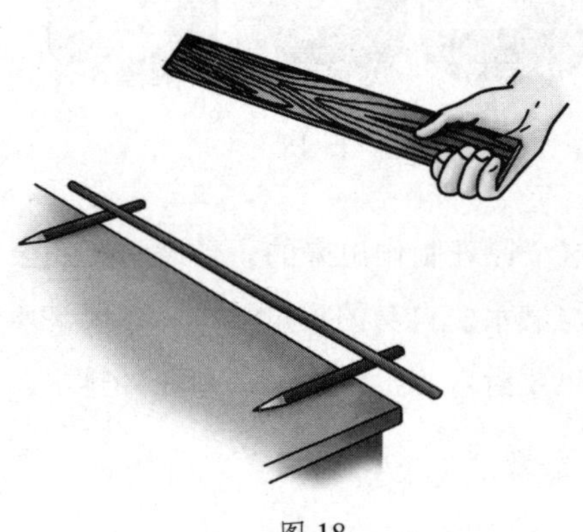

图 18

如何让鸡蛋悬浮在水中?

新鲜的鸡蛋会沉到水底，这是有经验的家庭主妇都知道的事情。她们用这种方法检验鸡蛋是否新鲜：如果鸡蛋下沉，则是新鲜的；如果鸡蛋浮在水面上，那么就是坏的，不能吃。对此，物理学家给出了这样的解释：新鲜鸡蛋的密度大于纯水的密度。这里需要强调的是，用于检验鸡蛋是否新鲜的水必须是纯净水。如果你在水里加了盐，盐水的密度可能就比鸡蛋大。

下面，我们根据古希腊阿基米德提出的浮力原理，来做一个实验。首先，我们需要准备一杯浓盐水，盐水的浓度要足够高，这样才能使盐水的密度比鸡蛋大。在这样的盐水中，所有的鸡蛋都会浮起来。

请大家动动脑筋想一想：我们可不可以让鸡蛋既不下沉也不浮在水面上，而是刚好悬浮在水中呢？其关键在于盐水的密度。此时，其盐水的密度要刚好等于鸡蛋的密度，即鸡蛋完全没入水中时排开的盐水重量等于鸡蛋本身的重量。我们在配制盐水的时候，可能需要多试几次：如果鸡蛋沉到了水底，那么就是盐加少了，需要继续加盐；如果鸡蛋浮在水面上，那么就是盐加多了，需要再加点纯净水。加到盐水密度刚刚好的时候，鸡蛋就会全部没入水中，并且保持静止，不上浮也不下沉（见图 19）。

图 19

潜水艇就是利用这个原理制作出来的。当潜水艇完全没入水中时，它排开的海水的重量刚好与潜水艇自身的重量一样。想要潜水艇下沉，就往潜水艇的水仓里面灌水；想要潜水艇上浮，就必须往外排水。

飞艇[1]之所以能飘浮在空中，也是利用了这个原理：就像鸡蛋悬浮在盐水中一样，飞艇排开的空气的重量跟它自身的重量是相等的。

针为什么能浮在水面上？

缝衣针可以像稻草一样漂浮在水面上吗？这恐怕是不可能的，缝衣针虽然很小，但毕竟是用铁做成的，所以肯定会沉下去——可能很多人都是这么想的。

如果你也这么认为的话，那就一起来看看下面的实验吧，或许你的想法会发生改变。

首先，我们要准备一根普通的缝衣针，注意这根缝衣针不能太粗。接下来，我们先在针上涂抹一些黄油或猪油，然后小心地把它放到盛有水的碗里、水桶里或者杯子里。令人惊讶的一幕发生了：缝衣针就那样浮在了水面上，并没有沉下去。

缝衣针为什么没有沉下去呢？钢铁的密度无疑是比水的密度大的呀。确实如此，相比同体积的水，缝衣针要重 7 ～ 8 倍。但我们确实在上面的实验中看到了浮在水面上的针。这是怎么回事呢？仔细观察，你就能找到原因：针周围的水面凹了下去，出现了一个凹槽，而针就浮在这个凹槽中。

抹有油的针之所以没有下沉，而是浮在了凹槽的中间，是因为水膜产生了使水面恢复的力，也就是水的表面张力，正是这个表面张力把针托在了水面上，使它不会沉到水中。之所以在针上面抹黄油，是因为黄油与水不相溶，可以避免针被浸润，从而使表面张力的作用更明显。在日常生活中，你应该有过这样的经历：当手上有很多油的时候，用水冲洗，手也不会被打湿。如果我们不用肥皂，就算是用热水也洗不干净手上的油。肥皂能破坏手上的油脂层，所以用肥皂可以洗去手上的油。其实，几乎所有水禽，包括鹅，它们

---

① 飞艇是利用比空气密度小的气体来提供浮力的一种浮空器。根据工作原理的不同，浮空器可分为飞艇、系留气球和热气球等，其中飞艇和系留气球是军事价值和民用价值最高的浮空器。和系留气球相比，飞艇多了自带的动力系统，可以自行飞行。飞艇分为有人飞艇和无人飞艇两类，也有拴系和未拴系之别。

的翅膀上都有一层由特殊腺体分泌的油脂。这层油脂能保护它们的翅膀不被水打湿。

有时候不刻意给针涂抹黄油，针也能浮在水面上。这是因为我们的手上通常都会带有一些油脂，我们在拿过针之后，针上面就有了一层很薄的油膜，这层油膜能使水的表面张力的作用更加明显。因为这样的油膜很薄，所以在往水面上放针的时候要非常小心。此外，为了提高成功率，我们还可以这样做：用一小张纸托住针，将其放到水面上之后，用另一根针小心地把纸压到水里，使纸沉下去，而针则会浮在水面上。

有一种昆虫，叫水黾，它可以自由地在水面上爬行，就跟很多动物在陆地上行走一样（见图 20）。根据前面讲到的知识，你可能已经猜到它能在水面上爬行的原因了。这是因为它的足部有一层油脂[①]，这层油脂使它的足部不会被水打湿，从而可以更好地受到水的表面张力的作用。

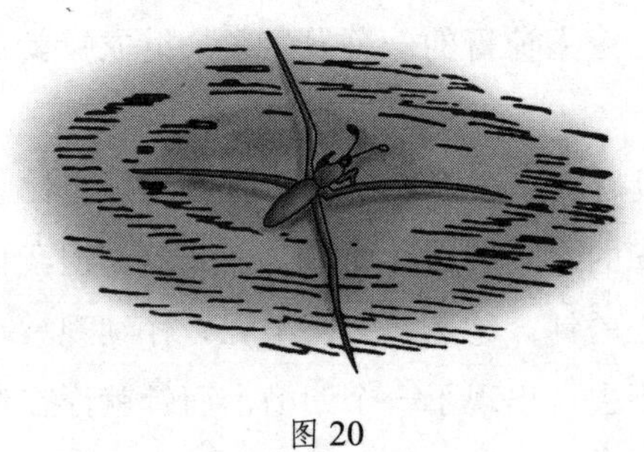

图 20

如何制作潜水钟？

制作潜水钟一点都不难，我们只需要先准备两样东西：首先准备一个普通的洗脸盆，或者口大底深的罐子；然后再准备一个高筒玻璃杯或者高脚杯。在这个实验中，高筒玻璃杯或高脚杯就是我们要的潜水钟，盛有水的脸盆就是迷你版的大海或湖泊。

① 根据最新的研究，水黾的足部有一种非常特殊的微纳米结构，能够使空气吸附在其极其细小的绒毛中，形成一层稳定的气膜，从而避免水的浸润。——译者注

实验过程很简单。首先，我们把玻璃杯垂直倒扣在水中，用手按住杯子底部。这时候你会观察到，几乎没有水流进杯子里。这是因为杯子里面有空气，阻止了水进到杯子里。还有一个可更明显地观察到这个现象的方法——在杯子中放一块糖或其他可以溶解在水中的东西。首先找一个软木塞，从上面切下一个小圆片。然后把小圆片放到水面上，再把糖块放到小圆片上。最后把玻璃杯盖在糖块上，并一直压到水底。你会发现杯子中的糖块虽然位于杯子外面的水面以下，但始终是干的，因为水根本没有流到杯子里面（见图21）。

图 21

取一个玻璃漏斗，也可以完成这个实验。首先，用手指堵住漏斗的细嘴，把漏斗的宽口朝下，摁在水中，我们可以发现，此时水并没有流进漏斗中。但是如果我们把手指松开，不再堵住漏斗的细嘴，使漏斗内外的空气互相流通，那么，水就会马上流进漏斗，直到漏斗内外的水面一样高。

通过这个实验，你应该明白了这样一个道理：虽然我们看不见空气，但空气是真实存在的。并且，空气也需要占有一定的空间。如果没有可以流去的地方，它会“坚守”自己的“地盘”。

同时，这个实验也让我们认识到，人们是如何利用潜水钟或者宽口水管（如水套）在水下作业的。

水为什么不会流出来?

我在年轻的时候，经常做这样一个好玩又简单的实验——将明信片或其他纸片盖在一个装满水的玻璃杯上，然后用手指轻轻按住纸片，把玻璃杯倒过来，松开手指。接下来，神奇的事情发生了：倒置的玻璃杯下方的纸片没有掉下来，杯中的水竟然也没有流出来。

你甚至可以拿着倒置的玻璃杯走来走去，水也不会流出来。如果你用这种方法端水给别人喝，一定会令他大吃一惊。

纸片为什么不会掉下来，还能承受住水的重量呢？这是因为大气压力的作用。玻璃杯中水的重量约为200克（所受重力约为1.96牛顿），而大气压力远远大于这个值。

我第一次看到这个实验的时候，做实验的人告诉我，这个实验成功的秘诀是杯子里的水必须是满的。如果杯子里面的水不满，杯子里面就会有空气，纸片内外同时受到大气压力，两者相互抵消，那么，纸片就会掉下来，实验就会失败。

听完他的话，我马上自己动手做这个实验。一开始，我并没有在杯子里面灌满水，想看看纸片是否会掉下去。结果并不像他说的那样。我用没有装满水的杯子做这个实验，纸片也没有掉下来。我又继续做了几次这样的实验，纸片都没有掉下来，仍然盖在杯口上，就跟用灌满水的杯子做实验一样。

这件事对我的启发很大，它让我懂得了研究自然科学的正确态度。检验自然科学理论正确与否的最好方法是实验。尽管有些理论看起来很有道理，但不一定就是正确的，我们一定要通过实验来验证。也就是说，理论一定要经得住实验的检验。如果理论与实验结果相冲突，那么理论就有可能存在纰漏。

认真思考一下，我们就会明白为什么用没有装满水的玻璃杯也能完成这个实验。原因在于：虽然杯子里面也有空气，但是杯子里面的空气比杯子外面的稀薄，它产生的压力也小。而杯子里面的空气之所以稀薄，是因为在倒置杯子的时候，水向下流动，排挤出了一部分空气，剩下的空气占据了原来的空间，自然就会变得稀薄。在倒置玻璃杯之后，我们可以小心地拉开纸片的一个小角，此时，我们会观察到，水里产生了气泡。这就说明，杯子里面的空气压力比外面小，所以外面的空气想溜进杯子里。

由此可见，只要有认真的态度，哪怕是很简单的物理实验，也会引起我们深刻的思考。伟人之所以伟大，就是因为他们善于从小事中学习到大智慧。

水中取物怎样才能不弄湿手？

看过前面的实验，你应该已经知道，空气会对它所接触到的所有东西产生压力。物理学家把这种压力叫作大气压力，简称气压。下面我们通过一个实验再来感受一下大气压力的存在。

首先，我们需要找到一个光洁的盘子，在盘子里面放置一枚硬币或者一枚金属纽扣。

然后，我们需要往盘子里面倒水，让水淹没整个硬币（金属纽扣）。这时，如果想在不弄湿手的情况下把硬币取出来，我们该怎么办呢？

操作方法如下：我们先在玻璃杯里放一张纸，然后点燃它，在纸开始冒烟的时候，把杯子倒扣在盘子里。请注意，杯子一定不能倒扣在硬币上。接着，随着这张纸燃烧殆尽，杯子里面的空气也逐渐冷却。在空气冷却的过程中，水会渐渐地流进杯子里，就好像杯子里有东西在吸水一样。最后，盘子里面的水会全部流进杯子里（见图 22）。

图 22

再等一会儿，硬币就会晾干，此时你把它拿走，手当然不会被打湿。

这个实验的原理也很简单。物体受热会膨胀，空气也不例外。当纸燃烧时，杯子里的空气受热膨胀，而杯子容积有限，所以一部分空气就被挤出了杯子。当杯子里的空气冷却下来后，就变得稀薄，其压力也随之变小，不能完全抵消外面的大气压力。于是，杯子外面的水，在大气压力的作用下，被挤进了杯子里。看到这里，你应该明白了，其实水不是被吸进去的，而是被大气压力压进去的。

知道了这个实验的原理之后，我们还可以用其他方法来完成这个实验。其实做这个实验不一定需要点燃纸张。其成功的关键在于让杯子里面的空气受热，而使杯子受热的方法有很多。例如，我们可以在把杯子摁到水里之前，用热水涮涮杯子，使杯中空气变热。

我们在喝茶的时候也可以做这个实验：提前在碟子里装些水，然后把刚盛过热茶的杯子倒扣在碟子上，一两分钟之后，碟子里面的水就流进茶杯里了。

如何自己动手制作降落伞模型？

你自己动手做过降落伞模型吗？制作降落伞模型的方法其实很简单。首先，准备一张锡纸，剪出一个手掌大的圆片；然后在圆片的中间挖出一个直径约 2 厘米的洞；再在这个洞的边缘均匀地挖一些小洞，并在每个小洞中穿一根长度相同的线；最后把这些线的末端系在一个不算太重的物体上。这样，一个简单的降落伞模型就制作完成了。

如果想检验一下自己制作的降落伞模型是否成功，可以把它从楼上扔下来。在降落的过程中，线会绷紧，纸会展开，降落伞模型会非常平稳地向下飞行，最后轻轻地落在地面上。当然，这是在没有风的情况下。如果有风，哪怕是微风，降落伞模型也会跟着风飘走，落到远处。

在实际使用中，为了保持降落伞的平稳，必须系有重物。降落伞能承受的重量与伞面的大小成正比。降落伞的伞面越大，它能承受的重量就越大。同时，伞面越大，没有风时降落的速度也就越慢，有风时飘得也就越远。

那么，降落伞为什么能够飘那么久呢？你是不是已经知道答案了？是的，就是因为空气阻力。空气阻力阻碍了降落伞的下降。如果没有伞面，重物很快就会掉到地面上。而伞面加大了重物受力的表面积，又没有增加多少重量。因此，伞面的面积越大，空气阻力的作用就越明显。

通常，大家认为，灰尘之所以能够飘浮在空气中，是因为灰尘比空气轻（或者说密度更小）。然而，我们在明白了降落伞飞行的原理之后，就可以知道灰尘能飘浮在空气中的真正原因是什么了。

其实，灰尘就是石头、土、金属、木材、煤炭等的微粒。这些东西的密度都比空气大几百倍，甚至几千倍。例如，石头的密度大约是空气的1 500倍，金属的密度大约是空气的6 000倍，木材的密度大约是空气的300倍，等等。可见，灰尘比空气重多了。按理说，灰尘是不可能像木屑漂在水面上一样飘浮在空气中的。那么，灰尘为什么能飘浮在空气中呢？

从密度方面考虑，任何固体或液体微粒的密度都比空气大，它们在空气中都应该下沉，而不是悬浮在空气中。事实上，灰尘确实在向下掉，只不过它下降的方式和降落伞类似。尽管灰尘的密度比空气大，但是灰尘的表面积很大，空气中的灰尘其实是像降落伞一样，在缓慢地往下降落，一阵微风吹过，又会把它吹起，使其飘浮在空气中。

热气流下的纸蛇为什么扭动？

扭动的纸蛇

首先，取一张明信片或者硬纸片，剪出一个玻璃杯口大小的圆片，然后将其剪成螺旋形，就像蜷缩着的蛇（见图23）。

图23

我们把纸蛇挂在煤油灯上面，使纸蛇的一端向下垂落，呈螺旋状（见图24）。这时可以观察到，纸蛇会在灯上扭动起来，且火焰越旺，纸蛇的动作幅度就越大。

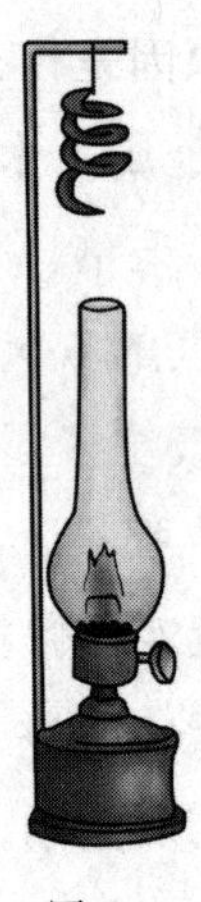

图 24

那么，纸蛇为什么会扭动呢？这是因为有气流存在。发热物体的周围都会形成向上的热气流。煤油灯在燃烧，火焰上面的空气受热膨胀，变得稀薄，相当于变轻了，所以热空气会向上运动。热空气向上运动后，冷空气就会过来占据原来热空气的位置。但冷空气很快又会被火焰加热，变成热空气，并向上运动。同时，又会有新的冷空气流过来。所以，只要火焰一直在燃烧，那么它的上方就一直存在热空气和冷空气的循环流动，也就形成了热力环流。换句话说，就好像一直有一股热风在往火焰上方吹。正是这股热风，让纸蛇不停地扭动。

翩翩起舞的纸蝴蝶

我们还可以用其他形状的纸片来完成这个实验，如蝴蝶形的纸片。首先，我们可以用锡纸剪出一只纸蝴蝶，并把它挂在电灯泡的上方。接着，我们把灯打开，等电灯泡变热之后，纸蝴蝶就会翩翩起舞，就像花园中的真蝴蝶一样。天花板上还会出现蝴蝶飞舞的影子，且影子的舞动幅度比纸蝴蝶的舞动幅度更大。不知道真相的人，说不定真的会以为屋子里面有一只大蝴蝶呢。

我们还可以准备一个软木塞和一根针，把针的一端扎进软木塞中，另一端扎在纸蝴蝶的重心处，使纸蝴蝶保持平衡。想要找准纸蝴蝶的重心，可能需要多试几次。在纸蝴蝶的周围放上发热物体，纸蝴蝶就会在热气流的作用下飞舞。

在上面这些实验中，我们观察到空气受热膨胀会形成向上的热气流，其实这种现象我们在日常生活中也经常会遇到。

比如，冬天在供暖的屋子里，热空气浮在上面，汇聚在天花板附近，而冷空气则向下运动，汇聚在地面附近。因此，如果房间内供暖不足，我们就会觉得有股冷风从脚底往上钻。如果室内的温度比室外高，在打开门的一瞬间，冷空气就会拥进屋子，热空气被挤到上面。此时，如果有根点燃的蜡烛，我们会很容易地观察到空气的流动。所以，在冬天，如果想让屋子里面暖和些，就尽量不要让室外的冷空气进到屋子里。可以用张毯子，把门缝堵得严实些。这样，冷空气就无法钻进来，热空气也就不会顺着门缝溜出去。还有很多类似的例子，比如，煤炉或者工厂熔炉里面的“通风”，都是形成了向上的热气流。再比如，自然界中的信风、季风、海陆风等现象，本质上都是冷热空气的流动。除了上述几种现象，还有很多热气流的现象，在这里就不一一讲了。

趣味小知识：

热力环流是因地面冷热不均而形成的空气环流，它是一种最简单的大气运动形式。城市热岛效应就是热力环流的一种典型表现——在人为原因的影响下，市区的年平均气温通常会比郊区高出1℃左右，最高甚至可达6℃，该温度差使市区的热空气上升，郊区的冷空气下降，空气在市区和郊区之间形成小型的热力环流。

为什么得到一整瓶的冰并不简单？

想要在冬天弄到一瓶冰，似乎并不是件困难的事：我们只需要在瓶子里面灌满水，再把它放到寒冷的室外。如果天气足够冷，就能够把整瓶水都冻成冰，我们自然就会得到一整瓶的冰。

但是，凡是亲自做过这个实验的人都知道，想要得到一整瓶的冰并不像想象中的那么简单。我们可以得到冰，但是当瓶子里的水全部结成冰的时候，瓶子会被胀破。造成这种现象的原因是，水结成冰之后，体积会变大约十分之一，因体积变大而产生的压力会把瓶盖顶开，甚至把瓶子撑破。就算瓶子没有盖上盖子，瓶颈处的水结成冰之后，也会起到盖子的作用，此时瓶子上相当于盖了个“冰盖子”，瓶子一样会被撑破。

水结冰后，其体积增大产生的压力非常大，甚至可以将金属制品（只要不是特别厚的）弄断。有人用5厘米厚的铁瓶试过，都被撑破了。所以，冬天天气很冷的时候，如果水管里面有水，水管就容易被冻裂。

冰会浮在水面上而不是沉到水底，原因也正在这里——相同体积的冰和水，冰的重量比水轻。假设水结成冰之后体积是变小的，那么冰就不会浮在水面上，而是会沉到水下。那样的话，我们在冬天就会失去很多乐趣。

> **趣味小知识：**
>
> 冬天天气很冷时，汽车水箱中的水会结成冰，严重的甚至会将水箱冻裂。为了保证汽车在冬天能继续使用，现代人发明了防冻剂，通过降低水的冰点（水的冰点是0℃，而普通型防冻剂的冰点一般可达-40℃）来达到防冻的目的。

冰块没断，铁丝是如何进去的？

也许你听说过，在强大的压力下，两个冰块会凝结在一起。这句话是不是意味着，冰块受到的压力越大，就冻得越结实？事实刚好相反，压力大的时候，冰块会融化，只不过，由于温度低于0℃，冰化成水后，冷空气又将它迅速冻成冰。两个冰块在受到外界压力的时候，会出现下列变化：首先，两块冰相互接触的地方在强大压力的作用下，会融化成水；然后，融化出来的水流到冰块的缝隙，在冷空气的作用下又很快结成冰。这样，两块冰就牢牢地凝结在了一起。

我们可以通过下面的实验来验证一下。首先，准备两个一样高的凳子（椅子或其他物品），把一块长条形的冰块悬在两个凳子中间。取一根细铁丝（铁丝直径不超过 0.5 毫米），穿过两个熨斗或其他质量约为 10 千克的物品，然后把铁丝拧成一个圆环套在冰块上（见图 25）。你会发现，在重物的作用下，铁丝慢慢地嵌入了冰块里，最后掉了下来，而冰块却始终没有断开。甚至拿起来仔细观察，冰块几乎完好无损，就好像根本没有被铁丝穿过一样。

图 25

根据前面讲过的冰块在压力下融化的原理，我们很容易就能明白，这个实验并没有神秘之处。在铁丝的压力作用下，与铁丝接触的冰融化成了水，铁丝顺势向下移动，水又迅速结成了冰，看上去，铁丝就像被包裹在冰里面。铁丝不断向下移动，冰块重复铁丝下面融化、上面结冰的过程，最终，铁丝掉了下来，而冰块完好无损，就像没有被铁丝穿过一样。

自然界中，只有冰这么一种物质可以完成这个实验。冬天，我们可以享受在冰上溜冰、在雪地里滑雪的快乐，都是利用了冰的这种性质。比如，溜冰的时候，与冰刀接触的冰层，因受到较大压力而融化成水。在水的润滑作用下，冰刀能够顺利滑行。冰刀划过之后，水又迅速结成冰。

你了解声音的传播速度吗？

远远地观察一个伐木工，你会发现，你听到砍树声的时候，不是斧头刚好砍进树干的瞬间，而是在那之后，斧头已经拿出来的时候。在远处观察钉钉子的木匠，结果是一样的。

如果感兴趣的话，你可以分段走近，多观察几次。你会发现，每个位置上，在你听到砍树声的那一瞬间，斧头的状态都不一样。当你足够接近的时候，能在看到斧子砍进树干的同时听到砍树声。再跑到远处观察，又会发现，你只能在斧头已经拿出来的时候才听到声音。

产生这种情况的原因你是不是已经猜出来了？这是因为光的传播速度很快，几乎一瞬间就能到达，而声音的传播却需要一段时间，所以我们会先看到砍树，再听到砍树声。当我们听到砍树声的时候，距离斧头砍进树里这一事件的发生已经过了一段时间了，也许伐木工已经再一次举起了斧头。所以，我们看到的情景跟我们听到的声音其实是错开的。

在空气中，声音的传播速度是多少呢？有科学家精准测量过，声音在空气中传播的速度一般为 340 米 / 秒。这意味着，1 千米远处的声音需要 3 秒钟才能到达我们的耳朵。而光在空气中的传播速度大约是声音的传播速度的 100 万倍。

除了空气，声音在其他介质中也能传播，如其他气体、液体、固体。声音在水中的传播速度是在空气中的 4 倍，并且在水里能够听得更清楚。潜水员在水下作业的时候，能够清晰地听到岸上的声音。有经验的渔夫都知道，岸上稍微有点动静，鱼儿就会溜走。

声音在坚硬的固体（如生铁、木材、骨头等）中的传播速度比在水中更快。如果你准备一根长木条，将耳朵贴在长木条的一端，让小伙伴在长木条的另外一端轻轻敲击木条，你就可以清晰地听到敲击的声音。你把耳朵贴在地面上，如果远处有一匹马奔驰而来，你能够更早地听到马蹄的“哒哒”声。

声音在坚硬的介质中的传播速度比在柔软的介质中快得多。比如，柔软的布，或者潮湿、松软的物质，就会把声音“吞噬”掉。因此，在窗户上挂上厚重的窗帘，就能挡住噪声。此外，表面柔软的家具、大衣等，也有类似的作用。

趣味小知识：

隔音墙，也称声屏障，分为纯隔声的反射型声屏障（高速公路旁常用这类），以及吸声与隔声相结合的复合型声屏障，后者可以更为有效地隔声。录音间或摄影棚内使用的隔音墙通常是两者的结合，墙体的一面为吸音材料，另一面为隔音材料和反射材料。其作用一是减少录音间内各音源的串音，二是利用墙体两面不同的吸音特性，调整音源的音质。

头骨也能传递声音吗？

在上一个实验中，提到了骨头这种坚硬的固体能够清晰地传递声音。小朋友们想不想验证一下呢？看看自己的骨头是不是具有这种性质？

准备一只闹钟，用牙咬住闹钟上面的提手，再用两只手堵住自己的耳朵。此时，发生了什么？你清晰地听到了表针走动的“滴答”声，这个声音甚至比你平时通过空气听到的还清晰。这种更清晰的“滴答”声，就是通过你的牙齿、头骨传递到你的耳朵里的。

趣味小知识：

骨传导是一种将声音转化为不同频率的机械振动，通过人的颅骨、骨迷路、内耳淋巴液、螺旋器、听觉中枢来传递声波的声音传导方式。骨传导技术一般分为骨传导扬声器技术和骨传导麦克风技术两种。利用这些技术制造的耳机，即为骨传导耳机。

吓人的影子是怎么形成的？

有一天晚上，哥哥神秘兮兮地问弟弟：“想不想看一个有趣的东西？”弟弟说：“当然想。”哥哥说：“那走吧，在隔壁房间，我带你去看。”

屋子里漆黑一片，弟弟跟哥哥走进去之后，哥哥点了一支蜡烛。弟弟鼓起勇气往前走，推开了隔壁房间的门。突然，弟弟大吃一惊：就在对面的墙上，有一个扁平的像影子一样的怪物，正咧着嘴，瞪着眼睛，直直地盯着弟弟（见图26）。

图 26

弟弟顿时拔腿就跑。这时，背后传来了哥哥“哈哈”的笑声。

弟弟满腹疑惑，又回头瞧了瞧。原来是哥哥在捣鬼！他在一张纸上剪出了眼睛、鼻子、嘴巴一样的洞，然后把纸贴在了旁边的镜子上。蜡烛的光照到镜子上，又通过这几个洞反射出来，刚好与弟弟的影子重合在一起，形成了这个可怕的怪物。

也就是说，弟弟其实是被自己的影子吓到了。后来，弟弟也试着用这种方法去捉弄自己的同学。在亲自动手时，弟弟才发现，要让吓人的影子刚好出现在面前，也并不是那么简单。经过几次摸索，弟弟终于明白了其中的奥妙——光线经过镜面反射要遵循一定的规律：

反射角＝入射角

在找到了这个规律之后，就很容易正确地摆放镜子了。

如何测试光的亮度？

我们都知道，如果把蜡烛放到远一点的地方，比如在 2 倍远处，我们所看到的蜡烛光就没有之前那么亮了。蜡烛的亮度究竟减弱了多少呢？会是一半吗？如果在 2 倍远处放 2 支蜡烛，亮度会不会跟原来一样呢？我们在试过之后，就会发现不是这样的。事实上，如果想在 2 倍远处使蜡烛达到原来的亮度，需要放 4（$=2\times2$）根蜡烛。如果是在 3 倍远处，就需要放上 9（$=3\times3$）根蜡烛。其他距离，依此类推。也就是说，在 2 倍远的地方，亮度会减弱到原来的$\frac{1}{4}$；3 倍远的地方，亮度减弱到$\frac{1}{9}$；5 倍远的地方，亮度减弱到$\frac{1}{25}$……

光线的亮度和距离之间的关系，就是这样的。同样地，声音的响度和距离之间也有类似的关系：声源的距离是原来的 6 倍时，声音的响度减弱到原来的$\frac{1}{36}$。

知道了亮度和距离的关系，我们就可以比较两盏灯的亮度了。当然，也可以比较任何两种光源的亮度。那么，一盏台灯比一根蜡烛亮多少倍呢？或者说，点多少根蜡烛才能达到一盏灯的亮度呢？

在桌子的一头，放上打开的台灯和点燃的蜡烛；在桌子的另一头，垂直地竖起一张白纸，可以用书夹固定住白纸。在距离白纸不远的地方，再垂直地竖起一根小木棒——用铅笔也可以（见图 27）。白纸上会有两个木棒影子：一个是明亮的台灯照出来的，另一个是昏暗的蜡烛照出来的。我们可以通过改变蜡烛的位置，使两个影子的浓淡程度相同。如果影子的浓淡程度相同，那么光源的亮度就相同。此时，分别测量白纸到台灯、白纸到蜡烛的距离。比如，台灯到白纸的距离是蜡烛到白纸的距离的 3 倍，这就意味着，台灯的亮度是蜡烛的亮度的 9 倍（$=3\times3$）。知道亮度和距离的关系，就很容易想明白这一点。

图 27

我们还可以利用纸片上的油点来比较光源的亮度。方法是：首先，在纸片的两边各放置一光源，调整光源的位置，使纸片上的油点在两边看起来都一样；然后，分别测量光源与纸片的距离；最后，根据亮度和距离之间的关系，比较出光源的亮度。需要注意的是，为便于观察纸片两边的油点亮度，可以在纸片旁边放一面镜子。这样，就能同时看到纸片两边的情况了：一边直接观察，另外一边通过镜子观察。至于镜子怎样摆放，聪明的你一定知道。

黑屋子为何成了照相机?

在果戈理的小说《伊万·伊万诺维奇和伊万·尼基福罗维奇吵架的故事》中有这样一段描写："伊万·伊万诺维奇走进了一个房间，因为护窗板是关着的，所以屋子里漆黑一片。阳光透过护窗板上的小洞照进屋子，看起来炫目多彩。阳光照耀在对面的墙上，映射出一幅色彩缤纷的图画，画上有铺着芦苇的屋顶，有树木，还有晾晒在院子里面的衣服，只不过这一切都上下翻了个儿。"

有一种古老的实验仪器，其拉丁名翻译过来就是"黑房间"。如果一个房间带有向阳的窗户，那么这个房间就能被很容易地改造成这种"实验仪器"。只需要准备一张可以遮住窗户的胶合板或者硬纸板，为了更好地遮光，最好在板上贴上黑纸。对了，还需要在板上挖一个小孔。

在天气晴朗的时候，把房间的门窗关上，让房间除了小孔处，其他地方都没有光线射入。在小孔的前面放一大张白纸，作为投影布。这时，一幅图像出现在白纸上。仔细观察会发现，纸上所呈现的是窗外景物缩小后的倒置图像，包括房子、树木、动物、人等（见图 28）。

图 28

通过这个实验，你明白了什么？这个实验说明，光的传播是沿着直线行进的。窗外物体上端的光和下端的光，在小孔处交叉，然后继续沿直线向前，上端的光向下，下端的光向上，从而将屋外的风景倒映在白纸上。如果光线不是沿直线传播，而是在传播过程中发生了扭曲，那么白纸上所呈现的就会是另外一番景象了。

对了，需要说明的是，小孔的形状不会对白纸上的图像产生影响。也就是说，无论小孔是方形、圆形、三角形、六角形还是其他形状，白纸上的图像都不会发生变化。走在林荫道上的时候，你有没有注意到阳光在地面上投下了斑驳的光点？你有没有意识到，这些光点其实是太阳的像？因为太阳是圆的，所以投下的光点也是圆的。仔细观察的话，你还会发现，这些光点其实是有些扁的。这是因为太阳光是斜着照射地球的。如果是在太阳直射的地区，你就能看到正圆形的光点。发生日食的时候，月亮把太阳遮住，只剩下一个月牙形，这时你会发现，树下的光点也变成了月牙形。

照相机的原理

照相机的原理跟“黑房间”类似，只是照相机的结构更复杂，成像也更清晰。照相机的后面有一块毛玻璃，倒置的像就呈现在那上面。按下快门之前，摄影师用黑布把自己和照相机都蒙上——只将镜头露在外面，不让其他光线照进来，就可以预览照片。

自己动手制作照相机

知道了上面的原理之后，我们可以自己动手制作一个照相机。首先，找到一个方盒子，在盒子的一个面上挖一个洞，然后把与洞相对的这面去掉，蒙上一张油纸。这张油纸的作用跟毛玻璃的作用类似。把盒子放到刚才的那个小黑屋里，使盒子上的小洞刚好对着遮挡窗户的黑板上的小孔，这时候，你就能在纸上看到清晰的窗外风景——当然，还是倒置的。

其实，有了这个照相机，我们不用到那个小黑屋里，也可以看到纸上呈现的图像——只要用黑布蒙着自己的脑袋和相机，不让其他光线干扰到小孔成像即可。

眼睛也是照相机?

在上述实验中，我们知道了什么是“黑房间”，并学会了自己制作照相机。现在，我要告诉你们一件很有趣的事：其实，我们的眼睛也是一对小型的“照相机”。眼睛的构造和前面讲过的“黑房间”是一样的。我们的瞳孔，实际上就是一个通向视觉器官内部的小孔，而不是我们通常以为的黑色圆片。瞳孔外面包裹着一层薄膜，还有一种胶状透明物质覆盖在膜的下面。透明的晶状体在瞳孔的后面，它就像是一面双凸透镜。从晶状体到眼球后壁之间，充满着透明物质，成像就发生在这里。图 29 是眼睛的纵切示意图。眼睛的这种构造会使成像更清晰、明亮。另外，需要告诉大家的是，眼睛所成的像是非常小的。比如，有一根 8 米高的电线杆，站在距离它 20 米的地方看，它呈现在我们眼中的完整的像，其实只有 0.5 厘米高。

但是，如果眼睛和“黑房间”的原理是一样的，那为什么我们看到的像不是颠倒的呢？事实上，呈现在眼中的像确实是颠倒的，只不过，我们的大脑习惯了自动把眼中颠倒的像转换成正常放置的像。

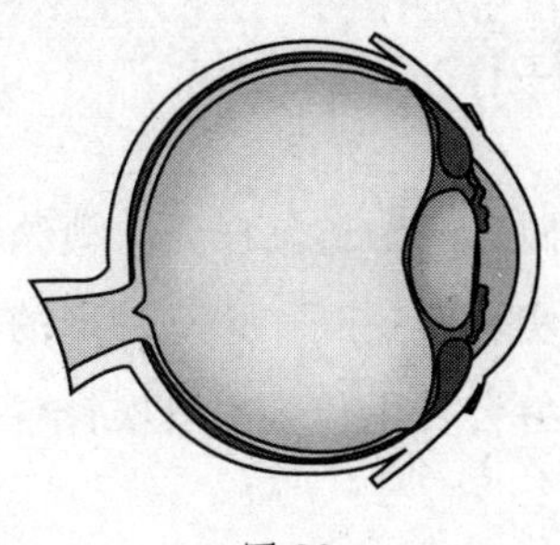

图 29

我们可以再做个实验来验证一下：用大头针在明信片上扎一个小孔，将明信片对着窗户、台灯等明亮的地方，放在距离右眼约 10 厘米处。在明信片和眼睛之间，对着明信片上的小孔，举起一枚大头针，要使大头针的针帽正对着小孔。猜一猜：这时候你会看到什么？在小孔的后面，出现了一个倒置的大头针（见图 30）。你还可以左右移动一下大头针，例如将大头针稍微向左移动，大头针的像将会向右移动。

图 30

之所以会出现这样的情况，是因为此时大头针在眼睛中的像是正放的，并没有倒置。明信片上的小孔相当于光源，正是它把大头针的影子投射到了瞳孔上。因为影子距离瞳孔太近了，图像并没有倒置。明信片上小孔的像，会在眼睛后壁上呈现一个圆形的光斑。在那上面有一个大头针的影子，是正着的。但是，因为我们只能看到小孔范围内的大头针，所以我们以为是透过明信片的小孔看到了明信片后面有个倒置的大头针。其原因就在于，我们的用眼习惯——自动把看到的景物倒置——已经“根深蒂固”。

如何让缝衣针产生磁性？

在前面的实验中，我们已经知道怎样让一根缝衣针浮在水面上。现在，我们继续做一个更有趣的实验：找到一个马蹄形的磁铁，然后用磁铁去靠近浮在水面上的缝衣针。猜猜会发生什么？缝衣针就像被什么吸引了一样，向磁铁的方向“游”过来了。

如果在实验前先把缝衣针在磁铁上摩擦几下，实验的结果会更加明显。需要提醒的是，将缝衣针在磁铁上摩擦的时候，要顺着一个方向，不要来回摩擦。针在与磁铁摩擦的过程中会被磁化，从而使针本身带有磁性。这个时候，就算是用一块普通的铁块去靠近缝衣针，针也会自动向铁块游去，就跟用磁铁时的效果一样。

带磁性的缝衣针还可以做其他有趣的实验。如果你足够细心的话，你会发现，浮在水面上的针，总是一头朝南，一头朝北，就像指南针一样。用一块磁铁去靠近针的一头，针可能被吸引，也可能被排斥。用磁铁去靠近针的另一头，情况刚好相反。这个现象说明了磁铁的相互作用：同极相斥，异极相吸。

知道了磁针运动的规律之后，我们可以做一件有趣的事情：首先，准备一艘小船，在船舱里藏一根带有磁性的针，并悄悄在手里握一块磁铁。注意，不要被人发现哦。然后将小船放入水中，这时，你只要挥一挥手，就能指挥船的航向，让不知道真相的小伙伴们大吃一惊。

带磁性的“剧院”

确切地说，这里要讲的不是“剧院”，也许叫“马戏团”会更准确，因为这些“演员”都是在钢丝上表演的。当然，这些“演员”也不是真人，而是纸人。

首先，我们需要用一张硬纸板剪出一个“剧院”，在房顶上挂一块马蹄形的磁铁，并在房子中间拉一根铁丝。

然后，用纸剪出几名“杂技演员”，我们可以把他们剪成不同的造型。

接着，用蜡油在纸人的背部粘上一根针，针最好跟小人一样高。

最后，把这些小人放到铁丝上。你看到了什么呢？用纸剪出的“杂技演员”们稳稳地站在了铁丝上。即使摇动铁丝，也不会把他们晃下来，还能看到他们在铁丝上灵动地“表演”呢（见图31）。其秘诀就在于，小人背后的针受到房顶上磁铁的吸引。

图31

趣味小知识：

磁悬浮列车是一种利用磁力实现列车与轨道之间无接触的悬浮和导向，再利用直线电机产生的磁力牵引列车运行的高科技轨道交通工具。磁悬浮列车主要由悬浮系统、推进系统和导向系统三大部分组成，其功能都由磁力来完成。磁悬浮列车运行时与轨道保持一定的间隙（一般为1～10厘米），使运行更安全，也更平稳舒适，且没有噪声。

带电梳子的一系列实验

你是不是以为只有了解电学知识的人才能进行电学实验？其实并非如此。哪怕你一点电学知识都不懂，也可以进行一系列有趣的电学实验。这些实验对你之后更深入地了解电学知识有很多的帮助。

首先要做的这个实验，需要在干燥的地方进行。所以，实验地点最好选择在冬天有暖气的房间。我们知道，冬天暖气房里的空气比夏天的空气干燥得多。

先准备一把塑料梳子，要保证梳子是干的。然后开始梳头发。如果房间里很安静，你就可以听到梳子和头发接触的时候发出的“噼里啪啦”的声音。这其实就是电火花的声音。

除了用这种方式可以产生电火花，用干燥的毯子或者绒布摩擦梳子，也可以产生电火花，甚至电荷量更大。你是不是想问：怎么检验梳子是不是带电呢？方法很简单，把梳子靠近又轻又小的物体，如纸屑、谷壳、小果核等，如果梳子上有电，这些轻小物体就会被吸起来。

还有一个有趣的实验：用纸折几艘小船，让它们浮在水面上，挥动带电的梳子，就能隔空指挥船的航行。

还有一个更有趣的实验：准备一个干燥的小酒杯，把一个鸡蛋平稳地放在酒杯里，再在鸡蛋上面放一把塑料尺子并使之保持平衡。接着用带电的梳子围着尺子的一端转。这时你会看到，尺子转动了起来（见图 32）。你还可以改变“指挥”方式，向左转转，向右转转，甚至是转圈。

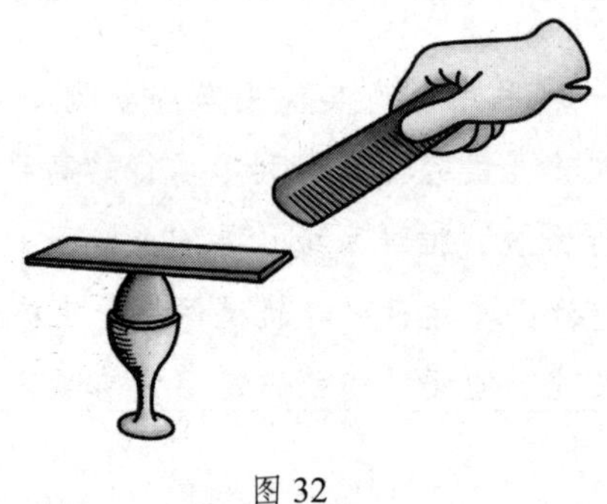

图 32

鸡蛋怎么会那么听话？

在上面的实验中，我们知道了塑料梳子在摩擦之后会带电。那么，其他物品，如火漆棒、玻璃管、玻璃棒等，在摩擦之后能不能带电呢？答案是肯定的。在绒布上摩擦火漆棒，火漆棒上就会带电。在丝绸上摩擦玻璃制品，如玻璃棒或玻璃管，它们也会带电。需要说明的是，玻璃和丝绸都要是干燥的才行。

我们还可以用鸡蛋做一个有趣的带电实验。首先，在鸡蛋的两端各钻一个小孔，对着一端的小孔吹气，把鸡蛋里面的蛋清和蛋黄都倒出来。为了让空蛋壳看起来更完整，可以用蜂蜡把两端的小孔堵起来。把空蛋壳放到光滑的平面上，如桌子、木板或者盘子上，便可以用带电的塑料棒指挥它转动（见图 33）。

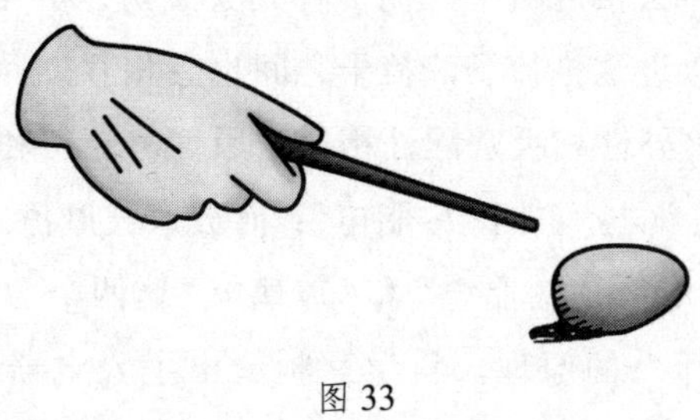

图 33

这个实验最先是由著名科学家法拉第想出来的。不明真相的观众看到这个实验，一定会大吃一惊。把鸡蛋壳换成纸环或者轻质小球，它们也会跟着带电的塑料棒旋转起来。

力的作用都是相互的吗？

在物理学上，不存在单方面的力，或者说不存在单方向的作用。任何力的作用都是相互的。也就是说，如果带电的小棒对物体有引力，那么物体对小棒也有引力。我们可以验证一下这种说法：把一个带电体，如用绒布摩擦过的塑料梳子，用丝线吊在吊环上，并保证它能自由活动。

这时你会发现，即使是不带电的物体，也可以对梳子产生引力，使梳子动起来。

这种现象在自然界中很普遍，随时随地都能看到。任何力的作用都是相互的。自然界中不存在单方面的作用力，也就是说，受力的物体都会产生反作用。

同性相斥是怎么回事?

下面，我们继续用挂在吊环上、可以自由转动的梳子做实验。在上面的实验中，我们已经看到，任何物品靠近梳子，都会引起梳子的转动。那么，如果用另外一个带电的物体接近带电的梳子，会发生什么呢？我们做了下面的实验就会知道：如果用带电的玻璃棒接近梳子，梳子和玻璃棒会相互吸引；如果用带电的火漆棒去接近梳子，梳子和火漆棒就会相互排斥；如果用另外一把带电的梳子去接近这把梳子，梳子之间也会相互排斥。

这就是电荷的“异性相吸，同性相斥”原理。塑料和火漆被摩擦之后带的电是相同的，都是负电，也叫“树脂电”；而玻璃被摩擦之后带的电则不同，是正电，也叫“玻璃电”（“树脂电”和“玻璃电”这两个名词现在已经不用）。

根据“同性相斥”的原理，科学家制造出了验电器（一种检测物体是否带电以及粗略估计带电量大小的仪器）。我们也可以自己动手制作一个验电器。

首先，准备一个可以塞住玻璃瓶口的“瓶塞”，如软木塞或者用硬纸板剪成的圆片。从瓶塞中间穿一根线到瓶子中，在线的底端，吊两个小金属片；然后用这个特制的瓶塞塞住瓶口；最后，用火漆密封瓶口，验电器就制作完成了（见图 34）。

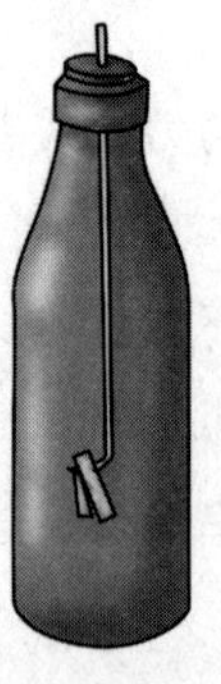

图 34

用一个带电物体去接触露在瓶子外面的线，带电物体上的电就会通过线传递到金属片上，使金属片带上相同的电。于是两个金属片就会发生排斥。这样就可以检验物品是否带电。

也就是说，如果瓶子里面的两片金属片发生了排斥，那么，接触线的物品就是带电的。

如果你觉得制作这种验电器有些麻烦的话，还有一种更简单的。

准备两个用接骨木果核做的小球，把它们挂在一个小棒上，注意，挂起来的两个小球要靠在一起。这样，一款简单的验电器就制作完成了（见图35-Ⅰ）。用物品接触其中一个小球，如果物品上有电，那么两个小球就会相互排斥。这种验电器用起来不是很方便，也不是很灵敏，但是还是可以用来检测物体是否带电的。

下面教大家制作第三种验电器：把锡纸对折后挂在大头针上，然后把大头针扎进玻璃瓶的软木塞（见图35-Ⅱ）。用带电物体去接触大头针，锡纸上会带上相同的电，锡纸就会张开。

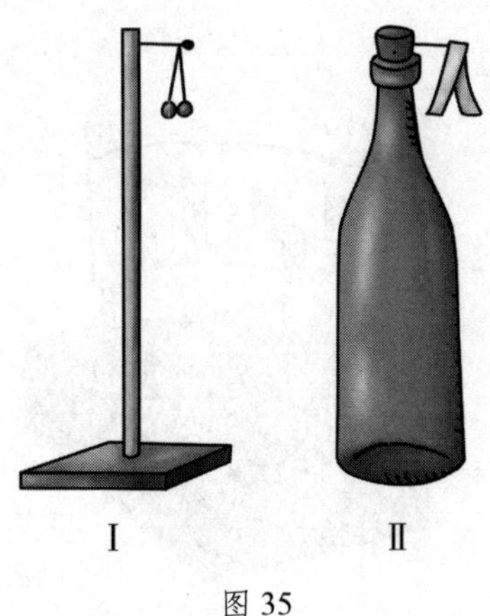

图35

电荷聚集在物体的什么地方？

今天教大家制作一个简单的仪器，用这个仪器可以观察到电荷的一个有趣的特征：电荷聚集在物体的表面，且在物体凸出的部位聚集。

首先，在火柴盒的两端对称且垂直地插入两根火柴，用火漆固定，作为基座。然后，剪出一根纸条，其宽度略小于一根火柴的长度，长度为火柴长度的三倍。接着，剪出一些小而薄的锡纸片，在纸条的两面分别贴三四片。最后，把纸条固定在竖起来的两根火柴上，我们需要的仪器就做好了（见图36）。

接下来就可以用该仪器做实验了。

第一次，把两根火柴棒之间的纸条拉直，用带电的火漆棒去接触纸条，此时，纸条和分布在纸条两面的锡纸都会带上相同的电，纸条上的锡纸都翘了起来。

第二次，调整一下仪器，使纸条中间凸出，呈弧形，然后再用带电的火漆棒去接触纸条，你会发现，只有纸条凸出一面的锡纸翘了起来，另外一面上的锡纸没有变化。这个实验说明，电荷只聚集在物体表面凸起的地方。改变纸条的形状，如将纸条弯成S形，再用带电的火漆棒去接触纸条，仍然只有凸出位置的锡纸才会翘起来。

图 36

第二章　用报纸做的一些物理实验

用脑子“看”

“我做了个决定，”哥哥拍着暖气片对我说，“咱们今天晚上一起做几个电学实验。”

“实验？我们之前没有做过的实验吗？”我兴奋地问道，“什么时候？现在就做好不好？我想马上就看到！”

“心急吃不了热豆腐，别着急。这几个实验要在晚上才能做。我现在要先走了。”

“你去干什么，是去拿仪器吗？”

“什么仪器？”

“当然是发电的仪器啊。今天晚上做的不是电学实验吗？做电学实验难道不需要发电器吗？”

“晚上做实验要用的仪器我已经准备好了，就在我的包里……你别想悄悄从我这里拿走仪器自己玩，”哥哥好像会读心术，他一边穿衣服，一边对我说，“就算你去找，也找不到，只会添乱。”

“那么，仪器真的放好了吗？”

“肯定放得好好的，放心吧！”

哥哥就这样出去了，但是把书包落在屋子里了，就是装着实验仪器的那个书包。

书包引起了我强烈的好奇心，它对我的吸引，就像磁铁对铁人的吸引一样。我满脑子想的都是打开书包一探究竟。这个念头让我倍感折磨，简直到了不能忍受的地步。

我大惑不解：哥哥的书包扁扁的，但是发电器不是应该很大么？我控制不住好奇心，打开了哥哥的书包。里面有一些报纸，报纸包裹着几本书。对，就只有这些东西，一些报纸和几本书。我恍然大悟，也许哥哥一开始就是在逗我玩，我却认真了。要是书包里有发电器，怎么会是扁扁的呢？

过了一会儿，哥哥回来了，并没有带什么东西。我一脸颓然，哥哥看到我之后，好像猜到了什么。

“看样子，你已经翻过我的书包了？”哥哥问道。

“发电器在哪里？”我反问。

“就在书包里呀。你没发现吗？”

“我翻遍了书包，只发现里面有书啊。”

“发电器当然也在里面。你没仔细看。你用什么看的？”

“用什么看？！当然用眼睛看啦。”

“就知道你只用眼睛看了。很多时候，要想弄清楚，需要用脑子‘看’。只用眼睛看是不行的。”

“那么，要怎么用脑子‘看’？我不会啊。”

“来吧，给你看几张图，你就知道用脑子‘看’跟用眼睛看的区别了。”

哥哥从口袋里拿出铅笔，在纸上画了一幅画（见图 37-Ⅰ），然后对我说：“图上的单线代表公路，双线代表铁轨，仔细观察，然后告诉我，从 A 到 B 和从 A 到 C，这两条路哪条更近？”

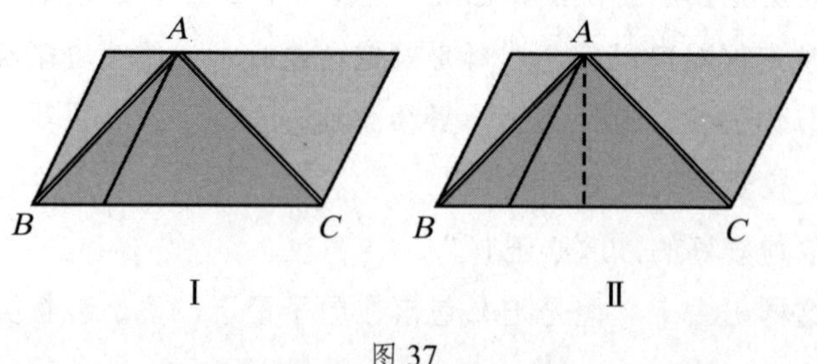

图 37

“当然是从 A 到 B 这条路更近。”我自信满满地说道。

“这就是只用眼睛看到的结果。下面我教你怎么用脑子‘看’。”

“首先需要补充一条辅助线，过 A 点，作一条垂直于 BC 的直线（见图 37-Ⅱ），这条直线把由点 A、B、C 组成的三角形分成了几份？”

“这个我看出来了，是相等的两份。”

“对，就是完全相等的两部分。虚线是三角形的中线，中线上的任意一点，到 B 点和到 C 点的距离是相等的。现在你还会觉得那条路近些吗？”

“加了辅助线之后，就可以看得很清楚了，是一样长的，但是之前，分明觉得左边的铁轨比右边的铁轨短呢。”

“那是因为之前你只用眼睛看，现在是用脑子‘看’了。现在你明白用眼睛看和用脑子‘看’的区别了吗？”

“明白了。但是，我们做实验的仪器究竟在哪里？”

“什么？哦，发电器。它就在书包里，一直都在。你没发现，是因为你没用脑子‘看’。”

我看着哥哥把包着报纸的书从书包里拿出来，小心翼翼地把报纸打开，然后把报纸递给了我，对我说：“这就是我们的发电器。”

我疑惑不解地盯着报纸。

“用眼睛看的话，没错，这就是报纸。如果会用脑子‘看’的话，就会看出报纸也可以做发电器。”

“报纸就是我们要用的仪器？就是发电器？”

“是的，就是这么回事。对于报纸，你是不是认为它们都是很轻的，用一根手指都能举起？在我们的实验中，你会发现，报纸有时候也会变得很重。来，把刚刚画图用的尺子递给我。”

“这把尺子有缺口，可以用吗？”

“有缺口的更好，这样的话，就算在实验中弄坏了也不会觉得可惜。”

哥哥一边跟我说话，一边把尺子放在桌子上，并让尺子的一端悬在桌外。

“现在，你先试试用手碰尺子悬在桌子外面的部分。尺子是不是很容易就倾斜了？等我把报纸盖在桌子上的尺子上时，你再去碰碰尺子。”

接着，哥哥把报纸在桌子上展平，然后盖在桌子上的尺子上。

“你去找根木棒来，用你最大的力气，又快又猛地敲击尺子露出桌子的部位。”

“真的要这样做吗？这样的话，肯定会让报纸飞到天上去的。”

我一边说，一边抡起了木棒。

太不可思议了！木棒打在尺子上的瞬间，“咔嚓”一声，尺子断成了两段，报纸反而一动不动。

“怎么样，是不是觉得报纸比你想象的要重呢？”

我盯着断了的尺子和纹丝不动的报纸，哑口无言。

“我们要做的就是这个实验？你确定这是电学实验？”

“这就是实验，不过不是电学实验。先做这个实验是让你见识下，报纸的确是可以用作物理实验的‘仪器’。我们一会儿再做电学实验。”

“但是，你看，我很轻松就能拿起报纸，但是刚才，报纸为什么没有被掀起来？”

“这就是这个实验的关键所在了。报纸受到了很大的空气压力，确切地说，每平方厘米的报纸大约会受到 1 千克力[①]的压力作用。也就是说，报纸的面积有多少平方厘米，掀起报纸就需要多少千克力的力。假如我们实验用的报纸是边长 4 厘米的正方形，即面积是 16 平方厘米，那么报纸承受的空气压力就是 16 千克力。我们实际用的报纸比这大，大约有 50 平方厘米，受到的空气压力就有 50 千克力，尺子当然会被打断了。当我们用木棒迅速击打尺子悬在桌子外的那部分时，尺子的另一端需要克服的是加报纸上方的空气压力。要想实验成功，击打的速度一定要足够快。如果击打的速度慢，空气就会从报纸下面的缝隙窜入，此时报纸上下两面受到的力就会平衡。现在，你总该相信用报纸也能做一些物理实验了吧。等着吧，天黑之后，我们就可以做电学实验了。”

不伤人的电火花

哥哥用一只手把报纸按在烤热的壁炉上，同时，另一只手拿着一把刷子刷报纸，就像工人为了把壁纸贴得平整些，用刷子刷墙上的壁纸一样。

“你看！”哥哥一边对我说话，一边把两只手都从报纸上拿开。出乎意

① 1 千克力即 1 千克的物体在地球上所受重力，约等于 9.8 牛顿。

料的是，报纸好像被什么东西粘住了一样，并没有掉到地上，而是贴在了壁炉平整的瓷砖上。

“它为什么会贴在上面呢？”我问哥哥，“你刚才并没有涂胶水呀！”

“因为电，把报纸粘住的是电。报纸上带电，就会被炉子吸住。”

“书包里的报纸是带电的？”

“它在书包里的时候是不带电的。我刚才把它贴在壁炉上刷了一会儿，它才带上了电。也就是说，经过刷子的摩擦，报纸带上了电。”

“这就是你说的电学实验？”

“是的。不过这才刚刚开始……去，把灯关上。”

关上灯以后，屋子里漆黑一片，但我依稀可辨认出哥哥的位置和白色壁炉上灰色的斑点。

“来，跟着我。”

我有预感，哥哥接下来要做的事，一定很有趣。我看到哥哥把报纸从壁炉上拿下来，用一只手托着。然后，他伸出另一只手的手指，慢慢接近报纸。就在这个时候，哥哥的手指上出现了蓝白色的跳动的“火焰”。简直太不可思议了！

“这叫电火花。你要不要试一下？”

我大吃一惊，吓得把手藏到身后。我才不愿意呢！

哥哥再次把报纸贴在壁炉上，并用刷子刷了几下，此时，他手指上又迸出长长的火花。我仔细观察后发现，其实他的手指距离报纸还有几厘米，并没有碰到报纸。

“来试一下吧，别害怕，根本不会疼。来，把你的手给我！”说着他抓起我的手，把我拉到壁炉边，“伸出手指！是的，就是这样！怎么样，是不是不疼？”

我还没有看清楚是怎么回事，我的手指上就迸射出了蓝白色的火花。

我只看到哥哥拿起了报纸的一半，另一半还贴在壁炉上。在火花从我的手指上迸射出来的一瞬间，有微微的针刺感从我的手指传来。但其实并不疼，我也就不再对此感到害怕了。

“我还想再来一次。”这一次，我主动请求哥哥。

哥哥把报纸贴在壁炉上，然后直接用手掌摩擦它。

“哥哥，你没有用刷子，是忘记了吗？”

“用不用刷子都可以。看，已经弄好了。”

“是吗？我怎么觉得这次会失败？因为你没有用刷子。”

“只要有摩擦就可以。不用刷子，手是干的就可以。”

跟哥哥预料的一样，火花又从我的手指迸射出来了，跟前面用刷子刷过后的情形一模一样。

在我又欣赏了几次手指上迸射出的火花之后，哥哥说道：“好了，看够了吧。接下来，我让你看看电流，也就是哥伦布和麦哲伦在他们乘坐的轮船桅杆顶端看到的东西——给我找一把剪刀来！”

我赶紧找来了一把剪刀递给哥哥。哥哥把剪刀弄湿，一只手拿着湿剪刀，另一只手拿着从壁炉上取下来的报纸，两只手之间保持一定的距离。这一次，他的手指上并没有出现火花，但剪刀的顶端出现了一束蓝红色的光。同时，还伴随有轻轻的“刺啦刺啦”的声音。

“这也是电火花，只不过比刚才的大多了。水手们经常在桅杆顶端看到它，人们叫它‘圣艾尔摩之火’。”

“它是怎么产生的？”

“你是想问‘是谁把带电的报纸放到桅杆上的’吗？事实上，那里根本没有报纸，但桅杆的上方飘着云，云的作用跟报纸是一样的。不要以为这种现象只在海上才出现。我们在陆地上，特别是在山上，一样可以见到。恺撒曾经说过这样一段话：在一个多云的晚上，一个士兵的刺刀尖上也迸射出了这样的火花。对于勇敢的水手和士兵来说，电火花一点儿也不可怕。相反，他们认为这是一种好的象征，虽然这并没有任何科学道理。有时，站山上的人一样会迸射出电火花，位置一般在头发、耳朵等露在外面的部位，而且还会伴有“嗡嗡”的声音，就像刚才剪刀发出的声音。”

“那这种电火花会不会把人烧伤？”

“不会的。其实，这并不是火，而是光，确切地说，是冷光。它的热量非常少，连一根火柴都不如，不会造成任何伤害。我们还可以用火柴来代替剪刀，你看，火柴头周围也有电火花，但是火柴并没有被点燃。”

“火柴看起来像在燃烧，你看，有火苗在火柴头上！”

“那你打开灯看看，确认火柴到底有没有烧着。”

我打开灯仔细检查，火柴根本没有燃烧，甚至都是凉的。那么，就如哥哥说的那样，火柴周围是冷光，不是火苗。

“让灯开着吧，下一个实验需要开着灯做。”

哥哥在房间中央放了一把椅子，他想把一根木棒平放在椅背上，就像一架天平那样。他试了很多次才成功。

“木棒居然可以这样放着不掉下来，还是这么长的一根。”

“就是因为长，才容易放平衡。要是一根短木棒，比如一根铅笔那样的，就很难搞定。”

“嗯，铅笔肯定是不行的。”我回应道。

“下面，我们要开始做实验了。你觉得有没有可能不碰木棒，而让木棒转起来？”

我思考了一会儿，没有急着回答。

“如果可以在木棒的一头套一个绳环……”

“不能套绳环，任何碰到木棒的东西都不行。再想想还有没有其他方法？”

“啊，我想到了。”

我把头凑到木棒的一端，然后对着木棒用力吹气，可是木棒纹丝不动。

“怎么样？动起来了吗？”

“并没有，我觉得不可能做到。”

“不可能？来看看我是怎么做的吧。”

还是那张贴在壁炉上的报纸。只见哥哥把报纸从壁炉上拿下来，然后靠近木棒。在报纸距离木棒还有差不多半米远的地方，木棒就像受到了吸引，开始向着报纸的方向转动。哥哥挥动着报纸，木棒就像听从指挥的士兵，跟着报纸左右转动。

“看看，报纸上的电对木棒的引力很大。因此，木棒会跟着报纸动，直到报纸上的电都传递到周围的空气中为止。”

“如果是夏天，壁炉是冷的，这个实验是不是就做不成了？那样的话，好可惜呀。”

“只要保证报纸是完全干燥的就可以。壁炉的作用就是把报纸烘干。你平时应该也注意到了，因为空气中有水分，所以一般情况下报纸都会有一些潮湿。冬天，有暖气的屋子里面空气干燥，实验更容易成功。夏天的话，可以在刚做过饭的时候做。趁厨房里的炉灶还没有完全冷却，把报纸放在上面烘烤，注意不要把报纸点燃了。把烘得干干的报纸平铺在干燥的桌子上，用刷子刷报纸，也能使它带电。这样的效果，可能不如在冬天的壁炉上好。好了，今天的实验就到这里吧，明天我们再做新的实验。”

“明天也是电学实验吗？”

“是，而且仪器还是我们的发电机——报纸。送你一本书，里面记录了法国著名的自然科学家索绪尔在山上看到‘圣艾尔摩之火’的经历。那是1867年，他和同伴们在海拔3 000多米的萨尔勒山上看到的。”

说着，哥哥从书架上拿下来一本书，是弗拉马里翁的《大气》，并指出了下面这些内容让我看：

我们爬到山顶后，把包着铁皮的棍子放到了岩石上。正准备吃饭时，索绪尔忽然感到自己的肩上和后背传来一阵阵刺痛，好像被针扎了一样。后来，索绪尔回忆道：

我以为是我的亚麻披风里有大头针之类的东西扎到我了，所以我把披风脱了下来。但疼痛不但没有停止，反而更剧烈了，我的整个肩膀和后背都疼极了。剧烈的刺痛感，伴随着痒一起传来，就好像皮肤上有很多黄蜂在爬，在不停地用它们的蜂针扎我。我又把里面的衣服脱了，仍然没有找到任何扎人的东西，而疼痛却在不断加剧，背上甚至出现了灼伤的感觉。接着，我发现我的毛背心烧着了，我正准备脱掉它时，突然听到一阵嗡嗡的响声。我很快找到了声音的来源——是放在岩石上的棍子上发出的。那声音就和水快要沸腾时的一样。所有这一切大概持续了五分钟的时间。

那时我才明白，疼痛是山上的电流造成的，如果不是因为处于白天，恐怕我们都能看到棍子上的电光了。我们拿起棍子，不管我们怎么放，无论是让包着铁皮的一头朝上还是向下，又或者是横着拿它，棍子都一直发出同样刺耳的声音。最后，当我们把它放在地面上时，它才最终停止了声响。

几分钟后，我发现我的头发和长长的胡子都翘了起来，那感觉就像是有人在用干燥的剃须刀给我刮脸一样。一位年轻同伴的小胡子也翘了起来，他的耳朵上也出现了强烈的电流，吓得他大叫起来。我把手举起来时，可以看到电流从指尖迸射出来，与此同时，衣服、耳朵、头发……身上能看到的地方都在向外迸射电流。

我们立刻离开山顶，往下走了大约100米，棍子发出的声音终于减小了；而且越往下走，声音也就越弱，到后来，声音已经轻得只有把耳朵贴在上面才能听到。

上面的一切都是索绪尔的亲身经历。此外，书中也介绍了其他人见到“圣艾尔摩之火”的相关经历。

在多云的天气里，如果云朵离山顶很近，山顶凸起的岩石也可能会发出电流。

1863年10月的一天，霍特科姆和几个游客准备攀登瑞士的少女峰。早晨出发时，天气很好，但当他们快爬到山顶时，突然刮起了一阵大风，夹裹着冰雹盘旋而来。一声巨大的雷鸣过后，霍特科姆听到手中的棍子上发出了一阵阵嗞嗞声。与此同时，他们发现携带的杆尺和斧头也都发出了同样的声音，一行人不得不停了下来。

声响持续不断，后来，当他们把棍子和斧头插入地面，声音才终于停了下来。一个游客把帽子摘下来，突然感觉头发被烧着了，吓得他大叫起来——他的头发一看就是带了电，一根根地竖了起来。霍特科姆的头发也都直直地竖了起来；手一动，指尖就会发出电流通过时的嗞嗞声。其他人也都感觉到了来自脸上和身上其他部位的刺痛感。

会跳舞的纸人

哥哥是个说话算话的人。第二天，夜幕降临之后，他又开始做实验了。还是需要先准备带电的报纸——跟上一个实验一样，把报纸贴在壁炉上，用刷子刷几下。然后，他让我找来一张比报纸厚的纸，并用这张纸剪出了很多不同姿态的滑稽有趣的小人。

“一会儿可以让这些小纸人都跳起舞来。找些大头针给我！”

哥哥在小纸人的脚上都钉上了大头针。

“大头针的作用是不让纸人飘走，或者被报纸带走……”哥哥一边说着，一边把小纸人放在托盘上，“表演开始！”

哥哥从壁炉上把报纸拿下来，双手水平托着报纸，小心翼翼地移动到放着小纸人的托盘上方。

“开始！”哥哥命令道。

一声令下，小纸人像服从命令似的乖乖地站了起来。哥哥移动着报纸，一会儿近，一会儿远，一会儿左移，一会儿右移，小纸人们也听话地倒下、站起，忽左、忽右（见图 38）。

图 38

“快看，要不是脚上有大头针增加重量，它们就会被报纸带走！”

说着，哥哥把几个小纸人脚上的大头针取下来。果然，小纸人就粘到了报纸上。

“你看，它们粘到了报纸上，即使晃动报纸也不会掉下来。这是因为电流的引力作用。现在，我们再来做一个关于电流斥力作用的实验。呃，剪刀放在哪里了？”

我把剪刀给哥哥递过去。哥哥又把报纸“贴”回壁炉上，然后在报纸上剪出一根根细长的纸条。注意，纸条还连在报纸上，没有剪断。剪过之后的纸条，仍然粘在壁炉上（见图 39）。

图 39

哥哥先用刷子沿着纸条刷了几下，然后把它们从壁炉上取下来，一只手捏住报纸没有剪断的那端。这时，纸条并没有整齐地下垂，而是像炸开了一样，彼此排斥（见图 40）。

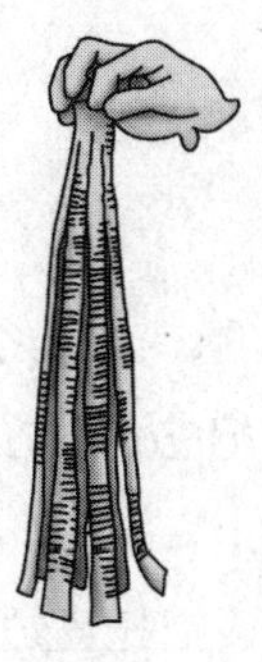

图 40

哥哥说：“因为纸条上带的电相同，所以它们会相互排斥。如果用不带电的物体靠近它们，就会受到引力。比如，你把手伸进纸条里，纸条就会粘在你手上。”

我弯下腰，想把手伸到炸开的纸条中间，但是纸条就像蛇一样一瞬间就缠在了我的手上。

“你不害怕这些‘蛇’吗？”

“它们是纸，有什么好怕的？”

“当然可怕了，你看。”

说着，哥哥把纸条举到了自己的头顶。一瞬间，他的头发都直直地竖立了起来。

“这也是实验？”

“是的，这就是我们今天做的实验。纸条上的电传递给了头发，头发带上了相同的电，所以相互排斥。你对着镜子，把纸条放在头顶上，看看你的头发会怎么样。”

“这样做不会疼吧？”

“当然不会。”

我试了试，在镜子里，我看到自己的头发一根根竖立了起来，果然一点也不疼。

哥哥又让我做了一次今天晚上的实验，才结束今天的“演出”（这是哥哥对这些实验的叫法）。哥哥答应我，明天还有新的实验。

小小闪电

接下来的实验也是在晚上做的。实验之前哥哥先做了一些准备工作：他准备了 3 个水杯和 1 个托盘，并把它们放在壁炉边烘干。哥哥先把 3 个杯子放在桌子上，再把托盘盖在水杯上。

“为什么这样放呢？不是应该把托盘放在杯子下面吗？”我好奇地问道。

“过一会儿你就知道了。今天我们要做的实验是‘小闪电’。”哥哥一边说，一边制作“发电机”——还是将一张报纸贴在壁炉上，依靠摩擦生电。过了一会儿，哥哥把报纸对折，再次贴到壁炉上，用刷子刷。然后，哥哥把报纸从壁炉上拿下来，铺在托盘上。

“来，你过来摸一下托盘，看看凉不凉。”

我没有多想，直接把手伸向了托盘。一瞬间，一股又疼又痒的感觉从手指传来，我赶紧缩回了手。

我吓了一跳，耳边却传来哥哥的笑声，他说：“哈哈，你是被‘闪电’

击中了。仔细听的话，还能听到小闪电的噼啪声。听到了吗？”

“我只觉得手指疼，并没有看到闪电。”

“因为我们开着灯。等我们把灯关了，再做一次，你就能看到了。”

“再做一次？可是我不想再碰托盘了。”

“不一定要用手呀。用钥匙或汤匙也可以激发出火花，而且不会觉得疼。还是我先来做吧，让你先开开眼。”

哥哥把灯关了。

“看好了，‘闪电’要出现了。”一片漆黑中传来了哥哥的声音。

在托盘和钥匙之间，有半根火柴那么长的蓝白色火花，伴着噼啪声在跳动（见图 41）。

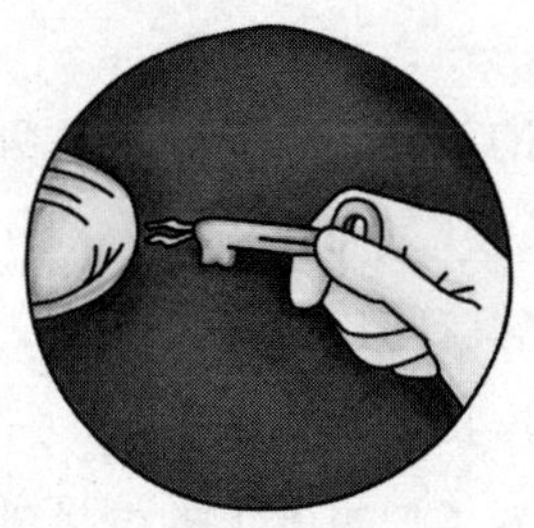

图 41

“看到‘闪电’和听到‘雷声’了吗？”哥哥问道。

“刚刚看到的火花和听到的声音是同时发生的。但是，实际中，听到雷声总是比看到闪电要慢。”

“你说得没错，现实中，我们总是先看到闪电，接着才能听到雷声。其实，它们是同时出现的，跟我们实验里的情景是一样的。”

“可为什么雷声听起来要慢一些呢？”

“光的传播速度很快，一瞬间就可以到达很远的地方。而声音的传播速度要慢一些。闪电是光，而雷是声音。所以，必然是先看到闪电，再听到雷声。”

此时，我的眼睛已经适应了黑暗。哥哥将手中的钥匙递给我，又把报纸拿开了。哥哥让我把‘闪电’从托盘中引出来。

“没有报纸的话，也会有火花吗？”我问道。

“你试试呗。事实说明一切。”

我用钥匙靠近托盘，还没有碰到托盘，就看到又明亮又长的火花。

哥哥又把报纸放回托盘上，我又从托盘边缘引出了火花。但这次的火花明显弱了些。

就这样，哥哥把报纸铺在托盘上，又拿走，让我反反复复做了几次。每一次都引出了电火花，只是一次比一次弱。

“如果我用丝线或者绸条来做这个实验，火花持续的时间会更久。等你以后学了物理，便会明白其中的道理，现在你只需用眼睛观察，不需要思考为什么。”哥哥对我说道，“接下来，我们做下一个实验，要用水流做，我们可以在厨房的水龙头边做。报纸就先在壁炉上烘着吧。”

我们来到了厨房，哥哥拧开了水龙头，水流击打在水池底部，发出清脆的响声。

哥哥说：“我能改变水的流向。你想让水往哪边流？左边，右边，还是前面？”

“左边。”我没有仔细想就随口说道。

“好。你站在这里等着，我去拿报纸。”

哥哥拿着报纸回来了。为了使报纸上的电尽量少流失，他把报纸举在身体前面，尽量远离身体。哥哥把报纸靠近水流左边，就看到水流向左弯曲。哥哥把报纸靠近水流右边，水流就向右弯曲。当然，把报纸放在水流前面，水流就向前弯曲，甚至都溅出了水池。

“你知道这样的电流引力其实是很大的吧。即使没有壁炉或炉灶，也可以做这个实验。用常见的橡胶梳子就可以。”说着，哥哥从口袋里拿出一把梳子，在自己的头发上梳了梳，“这样梳子上就带电了。”

“但是头发上是没有电的呀！”

“这是自然，大家的头发都不带电，我的也不例外。但是，用毛刷摩擦报纸会起电，用橡胶摩擦头发也会起电。你看。”

哥哥把刚才梳过头发的梳子靠近水流，水流明显弯曲了。

“接下来我们再做一个实验。这次还要用我们自制的‘发电机’，但不能用梳子，因为梳子上的电太少了。这个实验其实不是电学实验，而是大气压实验，类似把尺子折断的那个实验。”

我们离开厨房，回到了房间。哥哥把报纸做成了一个小袋子。

“就把它放在这里，等着胶水干吧。我们去找几本又厚又重的书。”

我从书架上拿下来 3 本又厚又重的医学书籍，放到桌子上。

“你觉得你能用嘴巴把纸袋吹起来吗？”哥哥问道。

“当然可以了。”我自信地回答道。

“如果我在纸袋上压上几本书呢？”

“这么重的书压在上面，应该没法吹起来了。”

哥哥没有再说什么。他先把纸袋放在桌子上，然后拿了一本书压在纸袋上面，接着又拿了一本书竖着放在第一本书上（见图 42）。

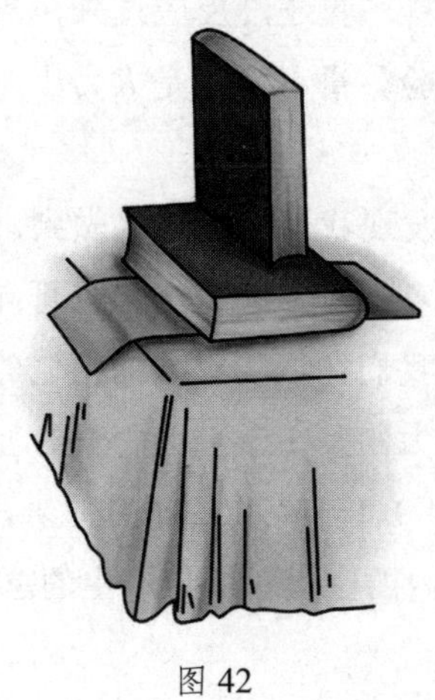

图 42

“看好了，我可以把纸袋吹起来。”

“你是准备先把书吹跑吧？”我打趣道。

“没错，就是这个意思。”

哥哥开始往纸袋里吹气。我睁大眼睛看着纸袋渐渐地鼓起来，下面的书变得倾斜，上面的书被掀翻了（见图 43）。

图 43

实验结果出乎我的意料。我还没反应过来，哥哥就又在纸袋上放了 3 本书，打算再做一次这个实验。哥哥简直是大力士，他朝袋子里吹气，掀翻了 3 本书。

然后，我也试了试，发现我也可以轻易做到。其实，要完成这个实验并不需要很大的肺活量，或者很有力的肌肉。哥哥向我解释了实验原理：纸袋之所以会鼓起来，是因为我们往纸袋里吹的空气的压力比外界大气压大。具体而言，外界空气的压强大约是 1 千克力每平方厘米，假设纸袋内外压强差是外界空气压强的$\frac{1}{10}$，即 0.1 千克力每平方厘米，大概算一下书跟纸袋的接触面积，可以推断出纸袋内的空气对纸袋产生的总压力约为 10 千克力。这个力量足以把书掀翻了。

至此，用报纸做的实验就全部结束了。

趣味小知识：

摩擦可以生电。基于这一原理甚至可以制造发电机。纳米发电机就是一类利用摩擦起电和静电感应的耦合，将机械能转换成电能的发电机。目前该项技术还在完善阶段，如果能成功应用到现实生活中，那么此项技术将开辟能源转化和应用的新领域。到时候，我们可能只需要摩擦几下手机，就能给手机充电了。

第三章 生活中常见的物理实验

向上运动，还是向下运动？

假设你正站在称重台上做向下蹲的动作，在这一瞬间，称重台是向上运动，还是向下运动呢？

答案毫无疑问：向上。这是因为，当我们下蹲的时候，肌肉会把我们的上半身往下拉，同时，把我们的下半身往上拉。这样的话，我们的身体对称重台产生的压力就减小了。所以，称重台就会抬起一些，也就是向上运动。

滑轮能拉动的重量是多少？

假如一个人能举起100千克的重物。现在他为了搬动更重的东西，使用了滑轮：用一根绳子的一端捆着重物，另一端穿过固定在高处的滑轮。那么，使用滑轮之后，他能拉起的重量究竟是多少呢？

事实上，使用定滑轮拉起的物品重量，根本不会大于我们空手就能举起的重量，甚至会更小。其原因是，利用定滑轮所能拉起的物品重量，不会超过拉绳的人的体重。如果一个人的体重小于100千克，即使利用定滑轮也不可能拉起100千克的重物。

为什么要爬过冰面？

如果河面上的冰不是很厚实，但必须借助冰面过河，要怎么办呢？有经验的人不会像往常一样用双脚在上面走，而是会爬着过冰面。这是为什么呢？

因为这样可以增大接触面积，使体重一定时，冰面单位面积上承受的压力减小。也就是说，压强减小了。

当然，如果躺在一块大木板上滑过去，也是可以的。

那么，冰面到底能够承受多大的压力？这当然与冰层的厚度有关系。一个正常体重的成年人要想在冰上安全行走，冰层需要有大约 4 厘米厚。如果想要在河面或湖面上滑冰，冰层需要有 10 ～ 12 厘米厚。

绳子会从哪里断开？

如图 44 所示，制作一个装置：准备一根木棒、一根绳子、一本重一点的书和一把尺子。先把木棒固定在门框上面，再把绳子的一头系在木棒上，然后在绳子的中间系上准备好的书，最后在绳子的另外一头系上一把尺子。此时，如果用力往下拉尺子，绳子会从哪里断开？是在书上面，还是在书下面？

图 44

答案是，两者都有可能。这跟你拉绳子的方式有关。如果拉绳子的速度比较慢，那么绳子就会从上面断开；如果拉绳子的速度比较快，那么绳子就会从下面断开。

这是因为，当你拉绳子的速度比较慢的时候，绳子的下面部分只受到手的拉力，而绳子的上面部分既受到手的拉力，又受到书的重力，自然是上面部分比下面部分更容易断。但是，当你快速拉绳子的时候，手的拉力来不及传递给绳子的上面部分，所有的拉力都由下面部分来承受，因此，绳子的下面部分就断开了。在这种情况下，就算是绳子的下面部分要粗一些，结果也是一样的。

纸条会断成几段？

今天我们要用纸条做一个有趣的实验。首先，准备一张纸条，其长度大概有手掌那么长，宽度大约有一根手指那么宽。然后，用剪刀在纸条上剪出两个口子，如图 45 所示。你们猜，如果从两头用力扯纸条，纸条会从哪里断开？

图 45

“肯定是在有口子的地方断开。”一般情况下，大家都会这么觉得。

那么，纸条会断成几段呢？

大家很有可能会回答：三段。

下面，我们通过实验验证一下，看大家的猜想对不对。

实验结果出人意料——纸条断成了两段。

该结果跟纸条的形状，甚至口子的深浅，都没有关系。纸条只会断成两段，从最细，也就是可承受力量最小的地方断开。就像大家都知道的那样："哪里最细，哪里就会断。"我们不可能把两个口子剪得一模一样，难免会有深有浅。口子最深的地方就是可承受力量最小的地方，也就是断开的地方。

火柴盒为什么没被砸坏？

请思考一个问题：如果挥动拳头，用力去砸一个空的火柴盒，火柴盒会怎样？

没有做过或者听说过这个实验的人，一定会回答：火柴盒会被砸坏。而做过这个实验之后，你就会知道，火柴盒会好好的。

这个实验的操作步骤很简单。首先，把火柴盒的盒套和内屉取出来，按图 46 所示摆放好。然后挥动拳头，又快又猛地砸向火柴盒。你会发现，哪怕把火柴盒砸飞了，捡起来仔细观察，盒套和内屉都还是好的，可能会有点变形，但还不至于被弄坏。

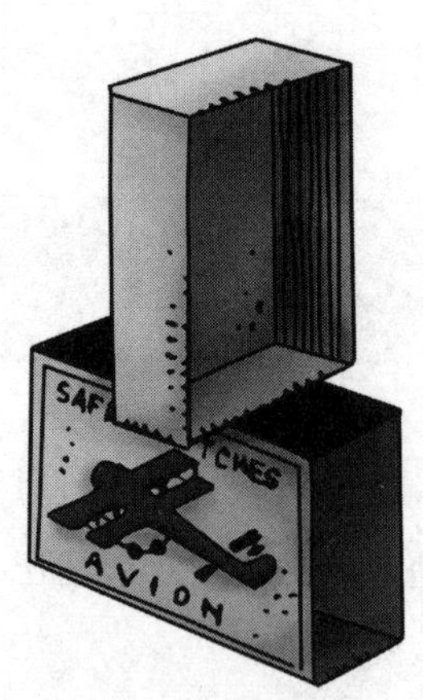

图 46

这是怎么回事儿呢？原来，在拳头砸过去的瞬间，火柴盒产生了很大的弹力，就是这个弹力保护了火柴盒。

趣味小知识：

汽车的安全气囊大家都很熟悉了，它所利用的也是弹力的作用：当汽车受到撞击时，气囊会瞬间充满气体，接触到人体后，气囊又开始排气，吸收冲击能量，进而使人免于受伤或减轻伤害程度。随着时代的进步，汽车不仅在材料、动力等方面不断地发展进步，汽车上所配置的安全气囊数量也增加了。

如何把火柴盒吹向自己？

如果让你把一个空火柴盒吹向远处，你肯定会觉得很简单，一点都难不倒你。那么反过来，让你把空火柴盒吹向自己，并且越吹越近，你能不能做到呢？注意，你不能把头伸到火柴盒的后面，往自己的方向吹。

你是不是觉得不可能做到？也有人想试试用吸气的方式，当然，这样是不能成功的。

其实，要做到这一点也并不难：首先将手掌放在火柴盒的后面，然后对着手掌吹气。气流碰到手掌后就会被反弹回来，反弹回来的气流作用在火柴盒上，就会推动火柴盒往吹气者的方向靠近。

做这个实验的时候，有一点需要注意：桌面一定要足够光滑，而且不能铺桌布。

平衡杆会停在什么位置？

如图 47 所示，准备一根木棒和两个重量相同的小球。把小球固定在木棒的两端。在木棒的正中间穿一个小孔，用一根小木条穿过小孔。手拿小木条，然后拨动木棒，让木棒以小木条为轴旋转。那么，问题来了，木棒会停在什么位置呢？

有些人以为，木棒只会在竖直的方向上停下来。事实上，木棒可以在任何位置（竖直方向、水平方向或者倾斜的方向）保持平衡，因为它的重心在支点上。任何物体，如果通过它的重心将它托住或者悬挂起来，这个物体在任何状态下都可以保持平衡。

所以，我们没办法预先判断出木棒会停在什么位置。

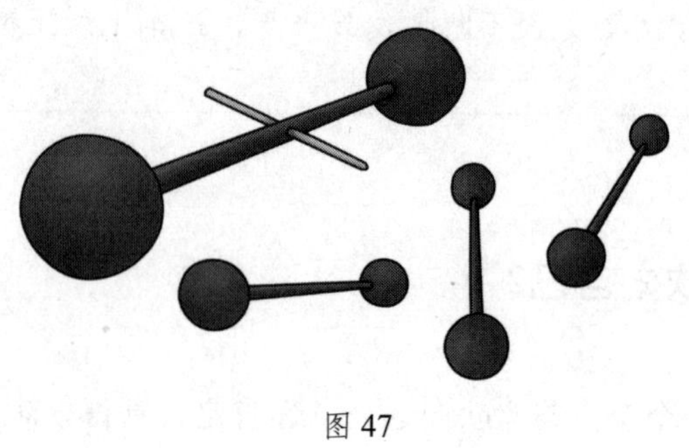

图 47

轮船上的抛球游戏

两个人站在行驶的轮船的甲板上玩球，一个人靠近船头，另一个人靠近船尾。在此情况下，谁能够更轻松地把球抛给对方呢？是靠近船头的那个人，还是靠近船尾的那个人呢？

你是不是觉得靠近船头的人会远离球，而靠近船尾的人是向着球移动的，所以接球会更容易？

事实上，如果轮船做的是匀速直线运动，那么这两个人把球抛给对方是一样轻松的，就跟在静止的轮船上抛球相同。其原因在于，由于惯性作用，球和轮船具有相同的初速度。所以，这两个人谁都占不到便宜。

热气球上的旗帜会飘向哪里？

假如热气球在风的作用下往北边飘，那么，热气球吊篮上的旗帜会飘向哪个方向呢？

气球在气流的作用下飘动，气球的运动方向和运动速度跟周围的气流一致。因此，气球上的旗帜不会受到气流的作用力。换言之，旗帜会向下垂着，跟没有风的情况下一样。

人爬出热气球时，热气球怎么运动？

假设热气球静止在空气中，有一个人顺着绳子从吊篮里往外爬。此时，热气球会怎么运动，是向上还是向下？

答案是向下。因为人在向上爬，会对气球产生一个方向相反的作用力，也就是向下的力。因此，热气球会向下运动。与此类似，人在静止在水面上的小船上走路，人往前走，船会往后走。

走路和跑步有什么区别？

你有没有想过，跑和走的区别到底是什么？

肯定不是速度，因为有时候，跑步比走路还慢呢，甚至还有“原地跑”一说。

区别是：走路的时候，身体总是通过脚掌与地面有接触；而跑步的时候，身体则可能会完全离开地面。

手上的木棒为什么能保持平衡？

如图 48 所示，首先准备一根光滑的木棒，然后把双手放在桌子上并伸出两根食指，再把木棒的两头分别放在两根食指上。接着，将两根食指慢慢向中间靠拢，直到两根手指完全并在一起。你猜，这个时候木棒会不会掉下来？

其实，木棒并不会掉下来，而是会保持平衡状态。这跟手指最初的位置没有关系，我们可以变换手指的位置，多试几次，结果都是一样的。我们也可以用其他东西代替木棒，如尺子、带把的手杖、桌球棒、扫帚等，结果也是一样的。

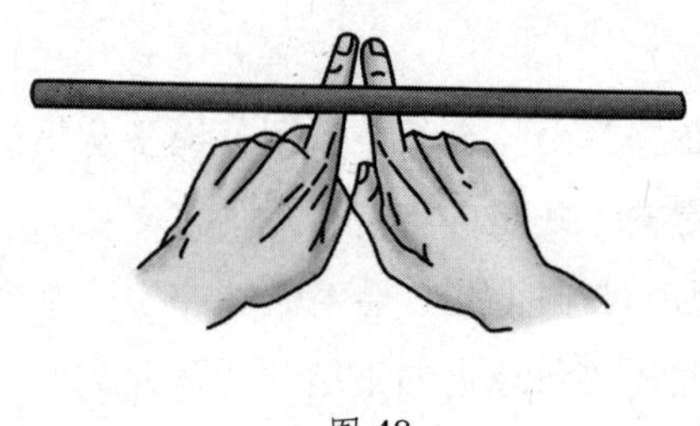

图 48

这是为什么呢？

我们都知道，如果支点刚好在过物体重心的垂线上，那么物体就会保持平衡。手指并拢的时候，木棒可以保持平衡，这说明手指刚好在过木棒重心的垂线上。

当食指分开的时候，靠近物体重心的手指会承受物体大部分的重量。压力越大，产生的摩擦力也越大，所以，靠近物体重心的手指受到的摩擦力更大，移动就更困难。换言之，只有远离重心的手指能够移动，可是这根手指在移动的过程中，会不断靠近重心，在某一个时刻，两根手指的角色就互换了。这样的过程要重复多次，直至两根手指完全贴紧。由于每次都只有远离重心的那一根手指能够移动，最后就只有一种结果：两根手指刚好在木棒的重心下面贴紧在一起。

我们还可以把木棒换成扫帚，如图 49 所示。想一想：如果从两根手指并在一起时所处的位置，把扫帚折成两段，哪段会更重？是扫帚把这段，还是扫帚头这段？

你是不是觉得，既然这两段能保持平衡，那么它们的重量应该是相等的。换言之，将这两段放到天平上，天平也是平衡的。其实，应该是扫帚头这一段重些。

其原因是，力臂不同。在手指上保持平衡时，两段的力臂不同；在天平上，力臂相等，所以不会保持平衡。

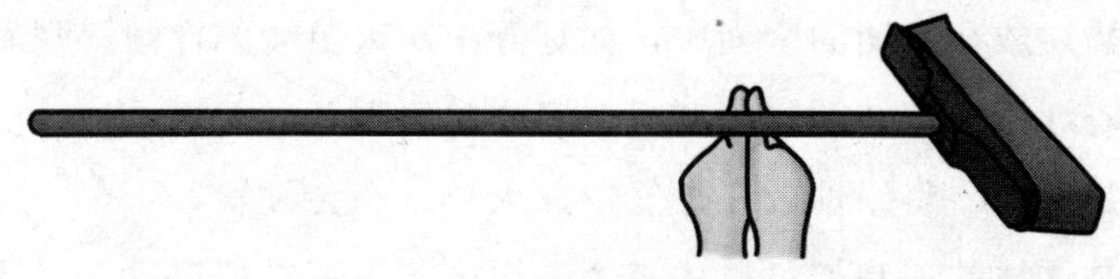

图 49

流水中的波纹是什么样的?

向平静的湖面丢一块石头，湖面会出现波纹，波纹以石头与湖面接触的地方为圆心，一圈一圈往外扩展。

那么，问题来了，如果把石头丢向流动的河水，水面上的波纹会是什么形状的呢？

你是不是觉得这时的波纹会有很多形状，如椭圆形，甚至不规则的形状？其实，答案很简单，不管水是静止的还是流动的，把石头丢向水中，所激起的波纹始终是圆形的，而不会出现其他形状。

想要弄明白其中的道理，我们需要先做力的分解。此时河水的运动可以分解成两部分，一个是从中心向周围的辐射状运动，一个是沿河道的流动。

首先，我们来分析河水静止时的情况。在这种情况下，如果往河里丢石头，所激起的波纹当然是圆的。对此，大家都不会有疑问。

接下来，我们再分析河水流动时的情况。在此时，如果往河里丢石头，所激起的波纹会随着河水流动，而在河水的流动方向上，两者的速度相等。因此，波纹虽然会随着水流改变位置，但是形状仍是圆的。

移动蜡烛时火苗怎样倾斜?

点燃一根蜡烛，拿着它从房间的一头走到另一头。在移动的过程中，我们会发现蜡烛的火苗是向后倾斜的。

如果把蜡烛放在封闭的空间中，如灯笼中，火苗会怎样倾斜呢？

如果提着灯笼匀速转圈，火苗又会怎样倾斜呢？

你是不是觉得，将蜡烛放在灯笼中，火苗就不会倾斜？

事实不是这样的。我们可以先点燃一根火柴，看看情况。

在点燃火柴后，用手护着火苗，同时移动火柴，火苗会向前倾斜还是向后倾斜？答案是向前倾斜。这有没有出乎你的意料？火苗会向前倾斜的原因是，火苗的密度比周围空气的密度小，在同样的作用力下，其运动速度更快。因此，在向前移动灯笼时，火苗也会向前倾斜。

而提着灯笼做圆周运动的时候，火苗会向内倾斜。

我们换一个场景帮助大家理解。把分别装有水银和水的小球放进离心机里旋转，水银球会被甩向更远处。与此类似，因为火苗比周围的空气轻，在灯笼旋转的时候，火苗就会更靠近旋转轴，即向内倾斜。

用多大的力才能使绳子的中部不下垂?

用多大的力气拉着绳子两端，才能使绳子的中部不下垂？

事实上，不管怎样用力拉绳子，绳子的中部都会向下垂。其原因是，拉力作用在水平方向上，而绳子中部向下垂是因为重力的作用，重力是作用在竖直方向上的。力的方向不同，不管怎样都不能相互抵消，即绳子受到的合力不可能为零。

除非绳子是竖直向下的，否则就不可能将它完全拉直，它的中部一定会下垂。当然，沿水平方向用力拉绳子，可以使其中部下垂的程度尽可能小，但一定存在下垂。

吊床不可能被完全拉平，也是因为同样的道理。

浮着的软木塞为什么不出来?

准备一个装有水的玻璃瓶，并找一个刚好可以从瓶口放进去的软木塞。把软木塞丢进玻璃瓶中，然后拿起瓶子往外倒水。你会发现，不管怎样倒，在水倒完之前，软木塞都不会出来。这是为什么呢?

这是因为，软木塞的密度比水小，会一直浮在水面上。只有在水将要被倒尽的时候，软木塞才有可能出现在瓶口处。因此，软木塞只会随着最后一部分水掉出来。

液体会产生向上的作用力吗?

我们都知道，液体会产生向下的作用力，从而对容器的底部产生压力。但是，你有没有想过液体也会产生向上的作用力?

我们可以用煤油灯的玻璃管做个实验，来帮助我们确定这种作用力的存在。首先用硬纸板剪一个小圆片，圆片的大小要正好盖住玻璃管的管口。然后，把小圆片贴在玻璃管的一端，将其浸入水中。为了避免圆片浸入水中后掉落，可事先用一根细线穿过圆片中心，在上方拉住圆片，或者直接用手指按住圆片。当把玻璃管浸入到一定深度时，你会发现，即使不拉住细线或不用手指按住圆片，圆片也能自己紧贴在玻璃管上——这是因为水对圆片产生了向上的作用力。你甚至能够测量出这一作用力的大小。慢慢地将水倒入玻璃管，你会发现，当玻璃管内的水面与外面容器里的水面高度一致时，圆片就会掉落（见图 50）。

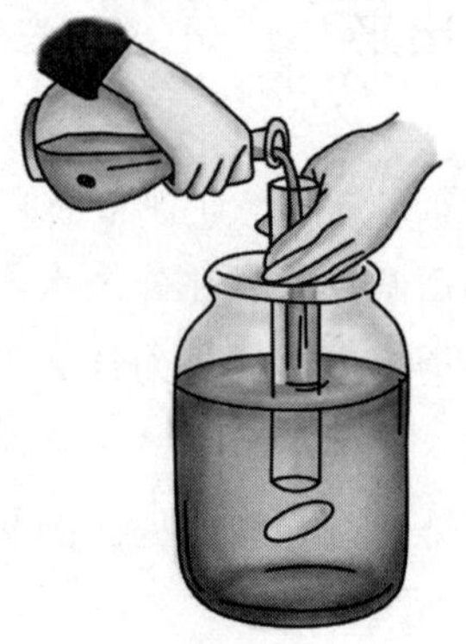

图 50

这说明，容器中的水对圆片产生的向上的作用力等于玻璃管内的水柱对它产生的向下的作用力，而这段水柱的高度正好等于圆片浸入水中的深度。这种向上的作用力，正是造成物体在液体中“丢失”重量的原因所在，这也就是著名的阿基米德定律。

如果你有几根形状不同但管口大小相同的玻璃管，你还可以检验另一个有关液体的物理定律，这就是液体对容器底部的压力，只取决于容器的底面积和液面的高度，而与容器的形状无关。你可以用不同形状的玻璃管进行上述实验：使它们浸入水中的深度相同（可事先在玻璃管的相同高度上贴上纸条），你会发现每次圆片掉落时，管内的水位高度都是相同的（见图 51）。这说明，高度相同但形状不同的水柱所产生的压力是相同的。

图 51

哪一边更重？

如果在天平的两端各挂一个同样大小、装满水的木桶，然后在其中一端的木桶中放一块木头。天平会往哪边倾斜？

关于这个问题，不同的人的回答不一样。有些人认为，有木头的一端更重，因为桶里除了水还有木头；另有一些人认为，没有木头的一端更重，因为体积相同时，水比木头重。

事实上，两端一样重。因为木块会排出一部分水，所以有木块的水桶中的水更少。根据浮力定律，木块排开的水的重量恰好等于木块的重量。因此，两端的重量相等。

竹篮为什么也能打水？

在童话中，我们听说过竹篮打水。你是不是觉得这很不可思议？其实，在现实生活中，我们可以借助物理知识做到这一点。

首先，需要准备一个直径 15 厘米的筛子，筛子的孔眼不要太大，直径大概 1 毫米。然后，把筛子浸入熔化的石蜡中。拿出来之后，筛子就覆上了一层薄膜。

这时的筛子看上去还是筛子，因为上面仍然有很多小孔，大头针能够自由通过。不过，这个筛子可以用来打水：在里面倒一些水，水并不会漏出来。需要注意的是，往里面倒水的时候，要小心一些，且筛子不能与其他物品发生剧烈碰撞。

为什么水可以留在筛子里而不会漏下去？因为水无法浸透石蜡，于是会在筛眼处形成向下凸起的薄膜，正是这层薄膜使得水不会往下流（见图 52）。

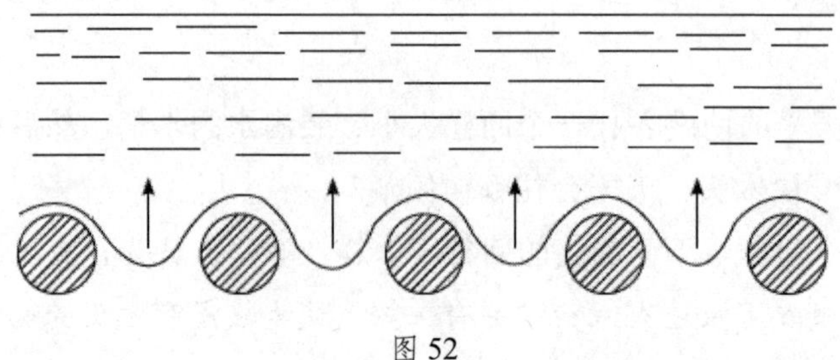

图 52

浸过石蜡的筛子还可以浮在水面上。生活中的很多现象都可以用这个实验来解释。例如，在水桶和船的表面涂上油脂、在软木塞和木栓上涂上润滑油等。这样，这些物体就具备了不透水性。

如何让肥皂泡更美丽更持久?

你一定玩过吹泡泡的游戏吧？你知道把肥皂泡吹得又大又漂亮的秘诀是什么吗？这可不是一件简单的事，需要多加练习才能做到。

很多人对这件事情的兴趣并不是很高，甚至会认为，这么小的事情值得做吗？但伟大的科学家达尔文却不这么认为，他曾经说过：“哪怕是一个肥皂泡，你也可以穷尽一生去研究它，也能从中不断地学到新的物理知识。”

你可能也发现了，肥皂泡是五颜六色的。物理学家能够利用这些色彩测量光波的长度，还可以通过薄膜的表面张力研究微粒间的相互作用力。如果没有这种微粒间的相互作用力，这个世界也就不复存在了。

英国的物理学家波易斯写过一本书——《肥皂泡》，里面详细记录了关于肥皂泡的各种实验。下面我就给大家简单介绍一些吹肥皂泡的有趣的方法。

用普通的黄色洗衣皂调配肥皂水，就可以吹出泡泡。但是如果用纯橄榄皂或杏仁皂调配肥皂水，吹出来的泡泡会更大更好看。

调配肥皂水时，用的水也要费点心思：需要用干净的凉水。将普通的水煮开之后再冰镇一下也可以，但最好的是用雪水或雨水。

如果想要肥皂泡维持的时间久一些，可以加入$\frac{1}{3}$（体积比）的甘油。

吹泡泡的过程也是有诀窍的：用一根细管蘸些肥皂水，使管口周围形成一层薄膜，然后小心地吹气。这时，我们吹出的空气会填充在肥皂泡中，它比房间中的空气要轻，所以肥皂泡会向上飞。

如果你一次就能吹出直径 10 厘米的泡泡，说明肥皂水的调配很成功。如果不行，可以再调整一下肥皂水的浓度。也可以用手指蘸些肥皂水，去戳肥皂泡，如果肥皂泡没有破，就可以进行下面的实验（见图 53）。如果破了，就需要再调整一下肥皂水的浓度。

进行下面这些实验，需要小心翼翼，并且保证光线充足，否则泡泡可能就不会有那么漂亮的色彩。

图 53

第一种是罩着花的泡泡。首先准备一个盘子或者托盘，在里面倒上足够覆盖盘底的肥皂液（高度为两三毫米）。然后在盘子中间放一朵小花，用玻璃漏斗罩住。接下来从漏斗口吹气，就会产生泡泡。当泡泡足够大的时候，小心地把漏斗倾斜着拿起来。当漏斗完全被拿起来时，花就被泡泡罩住了。这时，泡泡表面会呈现五颜六色的彩虹，甚是漂亮。

第二种是一个套一个的肥皂泡。首先用玻璃漏斗吹一个很大的肥皂泡。然后准备一根稻草秆，留一段用来吹气的地方，其他地方都蘸上肥皂水。接着，用稻草秆小心地穿过大肥皂泡的薄膜，吹出第二个泡泡。再用同样的方法，吹出第三个、第四个和更多的泡泡。

第三种是圆筒形肥皂泡。首先需要准备两个小铁环。先吹一个半球形的肥皂泡，下面用一个铁环托着。再在肥皂泡上面放一个蘸有肥皂水的铁环，向上拉，泡泡会被拉成圆筒形。需要说明的是，如果肥皂泡被拉起的高度比铁环的周长更长，那么肥皂泡会变成两个泡泡。

当温度变化时，泡泡也会发生变化。周围空气变冷的时候，泡泡会变小；周围变暖和的时候，泡泡会变大。其原因是泡泡内的空气热胀冷缩。曾有人计算过，如果在零下 15 摄氏度的时候，肥皂泡的体积为 1 000 立方厘米，换到 15 摄氏度的环境，肥皂泡的体积大约会增加 $1\,000\times30\times\frac{1}{273}\approx110$ 立方厘米。

最后，我们再来探讨一个问题：肥皂泡能长时间保存吗？答案是肯定的。在特定条件下，肥皂泡可以存放 10 天。英国著名的科学家瓦特曾把肥皂泡放在特制的瓶子里，这个瓶子不仅能防震、防干燥，还可以防止空气的震动。在这样的情况下，肥皂泡可以保持一个月甚至更长的时间。美国的劳伦斯甚至把肥皂泡保存了好几年。

趣味小知识：

香皂是不适合用来调配泡泡水的。目前可以用来调配泡泡水的材料有洗洁精、肥皂（粉）、洗衣粉。其中用洗洁精溶液吹出来的泡泡虽然小，但数量很多；用另外两种材料的溶液吹出来的泡泡虽然大，但数量少。

如何让水一直顺利地灌入漏斗？

用漏斗往瓶子里灌过水的人都知道，灌水的过程中，水流得不顺畅的时候，需要把漏斗拿起来。这是因为，在往瓶子里灌水的时候，水会压缩里面的空气，当空气被压缩到一定程度后，压力非常大，就会阻止水的继续灌入。为了让水继续顺利灌入，就需要把漏斗拿起来，让压缩空气释放出来。这样，在灌水的过程中，需要频繁地把漏斗拿起、放下，很不方便。

我们可以制作一种改良的漏斗，来解决这个问题。这种漏斗的管部有纵向凸起的纹路，这样便可以避免漏斗完全贴紧瓶口，以保证空气流通。

但是，在日常生活中，我们很少见到这种改良的漏斗。这种漏斗一般出现在实验室中。

房间内的空气有多重?

你猜猜看，一间普通的房间中的空气有多重？是几克，还是几千克？是你用手就能举起的重量，还是用肩膀才能扛起来的重量？

如今，人们都知道空气是有重量的。不过，空气的具体重量，很少有人能说出来。

事实上，在夏天，1 升普通空气的重量是 1.2 克。1 立方米等于 1 000 升，所以，1 立方米普通空气的重量是 1.2 千克。

根据这个信息，我们就可以估算出房间中空气的重量了。假如房间的面积是 15 平方米，高度是 3 米，那么，房间内空气的体积就是 45 立方米。因此，这个房间中空气的重量是 54 千克。这个结果是不是超出你的想象了？对普通人来说，这种重量用手肯定是举不起来的，即使用肩扛也是很费劲的。

飞走的气球去了哪里?

孩子们松开手里的气球，气球就飞走了。这种情景总能引起人们的好奇：气球去了哪里？它能飞多高？

事实上，气球一定不会飞到大气层的外面，它只能飞到一个极限高度。在这个极限高度，气球排开的空气的重量等于气球的重量。但是还需要考虑一个情况：在气球不断上升的过程中，气球周围的空气越来越稀薄，对气球的压力越来越小，因此气球会不断膨胀，一般在没有到达极限高度的时候就胀破了。

铁轨接头处为什么要留缝隙?

仔细观察过铁轨的小朋友会发现，铁轨接头处的两段铁轨并不是紧紧挨在一起的，而是留有一定的空隙，这个空隙通常被叫作接头缝。在铺设铁轨时，接头缝是必须要留的。

之所以这样做，是因为自然界存在热胀冷缩的现象。在夏天的时候，经过日晒，铁轨因温度升高而膨胀，导致铁轨变长。如果没有留接头缝，铁轨就会因为挤压而变形，甚至使道钉脱落，影响火车的顺利通行。

然而，在冬天的时候，因温度降低，铁轨又会收缩，使铁轨接头处的空隙变大。

值得一提的是，各地的铁轨接头缝的大小是不同的，要根据当地的气候准确计算并设计。

喝冷饮和喝热饮的玻璃杯有什么不同?

你有没有发现，一般情况下，大家都用杯底较厚的玻璃杯喝冷饮，而用杯底较薄的玻璃杯喝热饮。

用底部较厚的杯子喝冷饮，是因为这样的杯子更稳当，不容易倒。那么，可以用这样的杯子喝热茶吗？答案是不能。因为这种杯子的杯壁和杯底的厚度差比较大，两者受热膨胀的程度相差也大，在盛热茶时容易炸裂。

烟囱里的烟为什么向上冒?

没有风的时候，烟囱里的烟总是往上冒的，这是为什么呢？

这是因为：烟囱中的空气受热膨胀，变得稀薄，也就是比周围的空气轻，于是在这些热空气的推动下，烟就向上飘。等到热空气冷却下来，烟就会落到地面上。

怎样让纸不易点燃？

我们都知道，纸是很容易被点燃的。那么，能不能让纸变得不容易被点燃呢？今天，我们就来做一个有趣的实验。

首先，我们把一根纸条缠在铁块上。注意要让纸条像绷带一样紧紧裹在铁块上面。然后，我们把它放到烛火上烧。你会发现，在铁块被烧得很热之前，纸条只会被熏黑，而不会被点燃。

为什么呢？

其实，包括铁在内的很多金属，都有很好的导热性。它把纸条从蜡烛火苗那里获取的热量迅速转移出去了，使纸条的温度达不到燃点。这个实验成功的关键就在于铁块。如果将铁块换成导热性很差的木块，实验就会失败。如果用导热性更好的铜块，实验更容易成功。

同样的道理，我们可以把绳子缠在钥匙上，放到火上烧。绳子也不会轻易被点燃。

已经关严了窗户，为什么还会感到漏风？

在冬天的室内，你肯定有这样的体验：明明已将窗户关得严严实实了，可还是觉得漏风。这是为什么呢？

这是因为室内的空气其实一直在流动。我们都知道：空气受热会膨胀，向上运动；空气冷却会收缩，向下运动。灯、壁炉等热源周围的空气受热后变轻，飘向天花板；窗户附近或其他较冷的地方的空气遇冷收缩，向下流动。

找一个氢气球放到屋子里，就能方便地观察到气流的运动。注意，我们需要在气球下方挂一个重物，使气球能悬浮在空中，而不会一直飘向天花板。把气球放到热的炉子附近，在气流的作用下，气球就会在房间里飘上飘下。

现在，你该明白为什么在窗户紧闭的屋子里，我们仍然会觉得有阵阵风吹来吧。尤其是在接近地面的地方，能更明显地感觉到风。

冰镇饮料时要怎么放冰块？

冰镇饮料时，要怎么放冰块呢？冰块是应该放在饮料罐上面，还是饮料罐下面？

很多人的第一反应是，当然要把冰块放在饮料罐下面，这就跟煮汤的时候把瓦罐放在火上面一样。事实上，这样做是不科学的。

我们都知道，通常情况下，温度降低，物体的密度会增大。在饮料罐上面放冰块的时候，靠近冰块的上层液体在冷却后密度变大，会向下流动，从而使下层的液体向上流动，形成对流。这样，罐子里的饮料很快就能全部冷却。

如果把冰块放到罐子的下面，那么就只有下面的液体能“接触”到冰块，上层的液体不能“接触”到冰块，冷却的速度自然就慢。

同样的道理，在冷却肉类、蔬菜、鱼类的时候，也要把冰块放在上面。因为冰块周围的冷空气是向下运动的，物品放在下面，才更容易被冷却。如果要用冰块给房间降温，就要尽可能地把冰块往高处放，如放在书架上或挂在天花板上，而不是放在板凳上，这样，冷空气向下运动，屋子里很快就会变凉快。

水蒸气是什么颜色的？

你一定见过水蒸气吧？但是，你能说出水蒸气是什么颜色的吗？

事实上，水蒸气是完全透明的，没有颜色。我们平时所看到的白色蒸汽，其实是由很多细小的水滴聚合形成的，是雾化的水，并不是严格意义上的水蒸气。

烧水时水壶为什么会响?

在烧水时，你一定听到过水壶“唱出”的“歌声”吧。这其实是小水泡破裂的声音。

壶底处的水受热后汽化，形成小气泡。这些气泡很轻，被周围的水往上挤。此时，如果上面部分的水温低于100℃，气泡遇冷收缩，便会破裂。在水即将烧开时，会有很多气泡往上涌，它们在水里被挤破，发出“噼里啪啦”的声音。

当壶里的水烧开后，壶底不再产生气泡，水壶也就停止了“歌唱”。

风轮是怎么转起来的?

你有没有玩过风轮？下面的实验就跟风轮有关。首先，我们需要制作一个风轮：准备一张纸，裁成正方形；先后沿着正方形的两条对角线对折，对角线的交点就是正方形的重心（图54-Ⅰ）；调整纸的形状，使它呈“金字塔”形。用一根针顶在纸的重心处，它会保持平衡。如果有风吹来，它会随风在针尖上旋转。

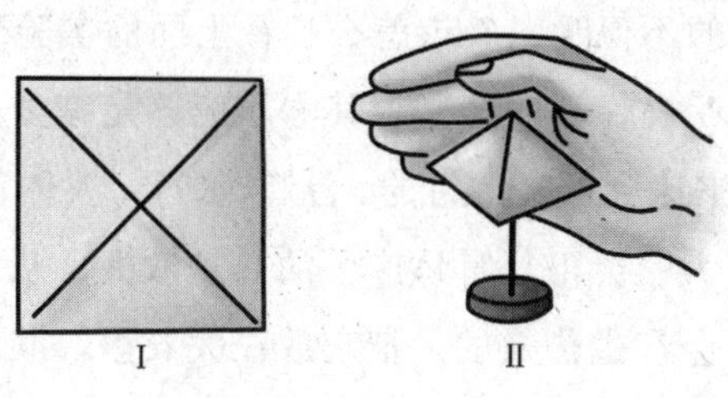

图 54

下面，我们一起见证风轮的神秘。用手慢慢靠近风轮（图54-Ⅱ），这时候，奇妙的事情发生了：风轮自己开始旋转了，而且越来越快。如果把手从风轮旁边拿开，风轮就会停止旋转。如果再次用手靠近风轮，它就又开始旋转。

19 世纪 70 年代，这个现象曾经引起很大的轰动，甚至有人据此认为，人体拥有某种超自然的能力。其实，这个实验的原理很简单，我们的手是热的，当我们把手靠近风轮时，手上的热量就会传递给下方的空气，使其受热，受热后的空气向上流动，使风轮旋转。这跟我们前面做的“纸蛇”实验的原理一样，都是因为热气流的作用。

如果仔细观察，我们会发现风轮的旋转是有规律的：从手腕处向手指处旋转。这是因为，手掌的温度总是比手指高，所以，手掌处会产生更强的热气流，从而对风轮产生更大的作用力。

大衣为什么能保暖？

如果有人告诉你大衣并不能保暖，并想通过实验向你证明这件事，你会怎么想？

我们先做两个实验。第一个实验，准备一支温度计，测量房间里的温度，然后把温度计放到大衣里面。过一会儿，拿出温度计，你会发现温度计的读数并没有变化。第二个实验，准备两个冰袋，一个放在房间里，一个裹在大衣里。过一会儿，你会发现，房间里的冰完全融化了，而大衣里的冰甚至都没有开始融化。这个实验说明，大衣不仅不保暖，反而保“冷”。

那么，大衣真的不保暖吗？该怎么解释上面的实验现象呢？

首先，我们要明确保暖的含义。其本质应该是减少热传递，也就是通过减少热量的散失，来达到保暖的目的。台灯、炉子、人体，都能自己产生热量，我们穿着大衣时，大衣会阻止身体产生的热量散失，从而起到保暖的效果。而温度计本身是不会产生热量的，把它放在大衣里，其读数不会发生变化。把冰袋裹在大衣里，大衣阻止了热传递，从而延缓了冰袋的融化。

冬天下雪后，厚厚的雪层跟大衣一样，有给大地保暖的作用。这是因为雪层的导热性差，从而阻碍了土壤热量的散失。有积雪覆盖的土壤，其温度要比裸露的土壤高 10℃左右。有经验的农民都知道这一点。

火焰为什么不会自己熄灭?

很多人认为，火焰应该会自己熄灭才对，因为燃烧产生的是不易燃烧的二氧化碳和水蒸气，它们包围着火焰，隔绝了可助燃的空气（氧气）。可事实上并不是这样，只要有可燃物质，燃烧就会持续进行。

其原因是，火焰周围的气体并不是静止的，气体受热膨胀，变轻，向上流动，周围的空气会涌过来，而空气中有可以支持燃烧的氧气。

吹灭蜡烛时，我们从上往下吹气，其实就是利用了燃烧产生的二氧化碳和水蒸气来灭火。燃烧产生的气体在火焰上方，如果我们把它吹向火焰，使火焰接触不到支持燃烧的氧气，火焰便会熄灭。

水为什么能灭火?

我们都知道水可以灭火，可是，你能说清楚其中的原理吗?

首先，水在接近燃烧物时，会变成水蒸气。水在变成水蒸气的过程中，会带走很多热量。例如，要把沸腾的开水变成水蒸气，所需的热量是将同样体积的冰水加热到 100 摄氏度所需热量的 4 倍。

其次，水转化成水蒸气之后，体积会增加几百倍之多，并围绕在燃烧物周围。这样，就隔绝了燃烧物周围的空气，没有空气，燃烧自然就无法继续了。

为了更快地灭火，我们甚至可以在水里添加火药。因为火药在遇火后能迅速燃烧，并瞬间产生大量不易燃烧的气体，围绕在燃烧物周围，从而达到快速灭火的目的。

能否用冰加热冰？或用开水加热开水?

你认为，可以用一块冰加热另一块冰吗？可以用一块冰冷却另一块冰吗？可以用一杯开水加热另一杯开水吗？

首先我们要明确一点，冰的温度不止一种，水在0℃以下就会结冰，但冰与冰的温度是不同的。如果我们将一块-5℃的冰与一块-20℃的冰放在一起，那么-5℃的冰就会使另一块冰的温度上升。所以，用一块冰加热或冷却另一块冰，都是可以的。

而在同一气压下，水的沸点是固定的，一杯开水与另一杯开水的温度相同，不会发生热传递，也就是说，不能用一杯开水加热另一杯开水。

能用开水把水烧开吗？

准备一口锅和一个小玻璃瓶，分别倒入水，并把瓶子悬挂在锅里。把锅放在火上，过一会儿，你会发现：锅里的水已经沸腾，而瓶子里的水虽然变得很热，但是不会沸腾。

或许你刚开始会觉得这个结果匪夷所思，但仔细想想你就会明白，这个结果是必然的。

在标准大气压下，水的沸点是100℃。水要达到沸腾状态，一方面要达到100℃，另一方面还要持续吸收热量。锅里的水沸腾之后，温度保持在100℃，不可能再高。通过热传递，锅里的水可以使瓶子里的水达到100℃，但此后便不能为其提供更多的热量。

如果想让瓶子里的水沸腾，可以在锅里加盐：盐水的沸点高于100℃，能传递给瓶子里的水更多的热量，以支持其沸腾。

能用雪将水“烧开”吗？

在上一个实验中，锅里的开水不能使瓶子里的水沸腾。那么，用雪可以使水沸腾吗？不要急着肯定或否定，我们来做个实验，用事实说话。

首先，跟上一个实验一样，往瓶子里装半瓶水，放到沸腾的盐水锅中加热。过一会儿，瓶子里的水会沸腾。然后，把瓶子拿出来，迅速地塞紧瓶塞。接着，把瓶子倒过来。再过一会儿，瓶子里的水就不再沸腾。此时，在瓶子的底部放上一些雪，或者倒上冷水，如图 55 所示。此时，你就可以看到，瓶子里的水又开始沸腾了。伸手去摸摸瓶子，会发现它并不是很烫，显然温度没有达到水的沸点。温度没有达到沸点，而水却在沸腾，这是为什么呢？

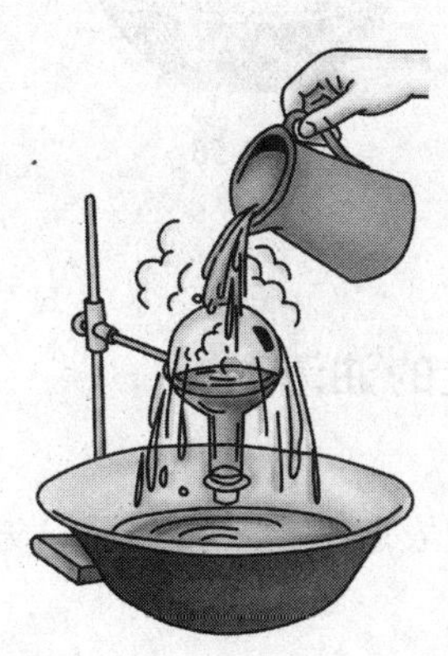

图 55

原因是，将瓶子放在锅里加热时，瓶子里的一部分水变成水蒸气，将瓶子里的空气挤了出去。在用雪或冷水给瓶子降温的时候，瓶子里的水蒸气凝结成小水滴，因此，瓶子里的气压会降低。而液体的沸点随着气压降低而降低，结果就是我们看到的那样，水的温度不高，却能再度沸腾起来。

如果玻璃瓶的壁不是很厚，在这种情况下，瓶内气压减小，瓶子内外的巨大压力差很有可能使瓶子破碎。因此，做这个实验最好选用圆形的玻璃瓶，如烧瓶，以承受更大的压力差。

如果用装煤油、润滑油等的白铁罐代替上面的玻璃瓶做这个实验，在浇冷水的时候，白铁罐会在一瞬间被压得扁扁的，就像用榔头砸过一样（见图 56）。

图 56

如何用熨斗去除衣服上的油渍?

熨斗一方面可以用来把衣服熨得平整，另一方面还能用来去除衣服上的油渍。

那么，用熨斗为什么能够去除衣服上的油渍呢?

这是因为：熨斗的温度较高，在高温下，液体的表面张力会变小。麦克斯韦在《热理论》中是这么说的："油渍会从高温的地方向低温的地方转移。如果我们把加热了的熨斗放在布的一边，在另一边放一块棉布，那么油渍就会转移到棉布上。"因此，在用熨斗去除油渍的时候，要把用来吸收油渍的布放到与熨斗相对的一面。

听清楚回声需要多远的距离?

我们发出的声音碰到墙壁或者其他障碍物时，会沿原路返回，再次到达我们的耳朵，这就是回声。想清楚地听到回声，声源与障碍物之间的距离就不能太短。如果距离太短，回声就会与原来的声音重合，起到加强声音的作用。

假如你站在一个空旷的地方，距离前面的墙壁 33 米。如果你拍手，那么声音会经过 33 米到达墙壁，然后折回来。也就是说，声音要跑 66 米，所需时间为 0.2 秒。如果第一个声音短于 0.2 秒，那么，声音不会重合，我们会先后听到两个声音。我们说一个单音节的词，如“是”“不”，大约需要 0.2 秒。因此，站在距离墙壁 33 米远的地方，我们能够清楚地听到单音节词的回声。如果是双音节词，两个声音则会重合，虽然声音会大些，但是听不清楚。

如果想清楚地听到双音节词的回声，如“哎呀”，需要多远的距离呢？双音节词的发声时间大约是 0.4 秒。在这个时间内，声音需要到达障碍物之后再返回来，也就是声音传播的距离是人与障碍物距离的 2 倍。在 0.4 秒内，声音传播的距离是 132 米。

132 米的一半是 66 米，也就是说，人至少要距离障碍物 66 米远，才能清楚地听到双音节词的回声。

用类似的方法，我们可以计算出，要想听清楚三音节词的回声，我们与障碍物之间的距离至少要达到 100 米。

如何用玻璃瓶自制一套乐器？

如果你喜欢听音乐，也喜欢乐器，不妨试试用玻璃瓶自制一套乐器，用它演奏一些简单的音乐。

如图 57 所示，首先找来两把椅子，在椅子上水平地挂上两根竹竿，然后在竹竿上均匀地挂上 16 个玻璃瓶。第一个玻璃瓶中要装满水，之后的各瓶中水量依次递减。

用干燥的木棒敲打玻璃瓶，不同的玻璃瓶会发出不同音阶的声音[①]。你会发现，瓶中的水越多，音调越高。有了两个八度的音调，你就可以演奏一些简单的乐曲了。

---

① 此时我们听到的是共振声，即瓶身和里面的水、空气共振而发出的声音；由于水量不一样，空气的体积也各不相同，因此共振的频率即声音的高低也不同。

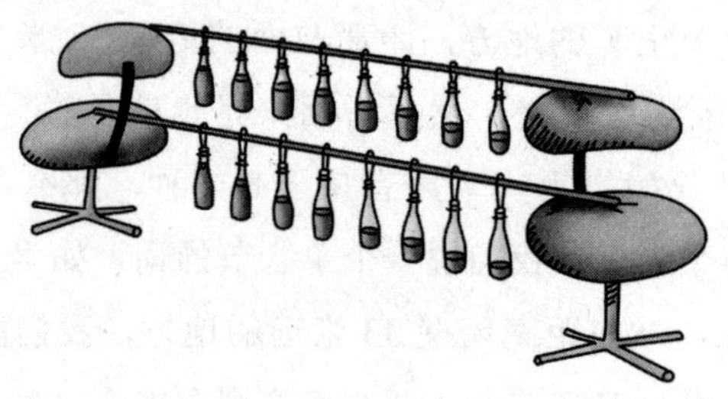

图 57

为什么海螺里会有声音?

把海螺放到耳朵边，就能听到奇妙的声音。很多有趣的传说，都跟这个现象有关。

为什么海螺里会有声音呢？

事实上，海螺只是放大了周围一些细小的声音。这些声音原本很微弱，通常都被我们忽略了。而海螺就像是一个共振器，各种微弱的声音可以在里面发生共鸣，听起来就像大海的波涛声。

手掌上为什么出现了一个“圆洞”?

把双手放在眼睛前面 15 ～ 20 厘米处，左手拿一个纸筒，右手张开，靠着纸筒（见图 58）。然后，左眼通过纸筒望向远方，右眼看眼前的右手。此时你会发现，右眼所看到的并不是右手掌，而是同左眼一样，也看到了远处的景物，就好像右手掌上出现了一个圆洞一样。

这是怎么回事呢？原来，为了看清楚远处的景物，左眼的晶状体会自动调整为远视状态。由于人类的双眼在长期的适应过程中养成了协同工作的习惯，当左眼的晶状体调整为眺望远方时，右眼的晶状体也会进行相应的调整，这样右眼就会对近在眼前的手掌视而不见，而是随着左眼一起看向远方。这也就造成了右手掌上出现圆洞的假象。

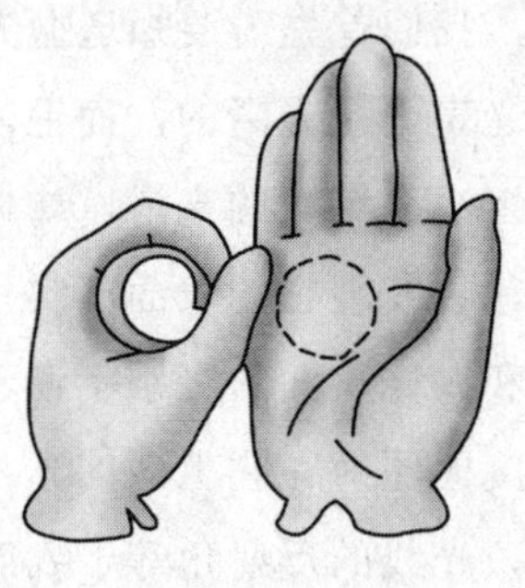

图 58

为什么从望远镜里看到的物体速度变慢了？

站在海边，用一个放大倍数为 3 的望远镜观察一艘正在行驶的轮船，那么观察到的轮船速度与其真实速度有什么关系呢？

为了搞清楚这个问题，我们来计算一下。假如站在距离轮船 600 米的地方观察，轮船以 5 米 / 秒的速度向观察者驶来。600 米的距离，从望远镜中看时，变成了 200 米。轮船行驶了 1 分钟之后，行驶的距离是 300 米，此时它与观察者的距离也为 300 米。300 米的距离，从望远镜中看，只有 100 米。也就是说，观察者通过望远镜观察到轮船行驶的距离是 100 米。那么，用望远镜看到的轮船的行驶速度是 100 米 / 分，而轮船真实的行驶速度是 300 米 / 分。也就是说，用放大倍数为 3 的望远镜观察行驶的轮船，船的速度变为实际速度的$\frac{1}{3}$。

用其他的观察距离、行驶速度、行驶时间进行计算，会得到同样的结论：望远镜的放大倍数即实际行驶速度相较于观察速度的倍数。

擦过鞋油的靴子为什么闪闪发亮？

为什么擦过鞋油的靴子看上去很亮呢？不管是靴子还是鞋油本身都不是

很亮呀。很多人对此都感到迷惑不解。

为了找到问题的答案，我们首先需要知道抛光表面和毛表面的区别在哪里。凭直觉，我们以为抛光表面是光滑的，而毛表面是粗糙的。但这种理解并不完全正确，因为世界上没有绝对的光滑。如果我们用放大镜观察一个在肉眼看来很光滑的表面，就会发现它的表面其实也是凹凸不平的，布满了一个个“小山丘”。毛表面和抛光表面的区别不在于有没有凹凸，而在于凹凸的程度。如果表面的凹凸度比照射在它上面的光线的波长短，那么光线就会被正常地反射回去。此时，光线的反射角等于入射角。这样的表面我们称为抛光表面。如果表面的凹凸度比照射在它上面的光线的波长长，那么光线就无法被正常地反射回去，这样的表面看上去就不会闪闪发光。人们习惯于把这种表面称为毛表面。

根据上面的分析，我们不难得出，如果用不同波长的光线照射同一个表面，看到的表面有可能是抛光表面，也有可能是毛表面。我们知道，可见光的平均波长为0.0005毫米，因此凹凸度小于这个波长的表面就是抛光表面。红外线的波长比可见光长，紫外线的波长比可见光短。如果一个表面在可见光下是抛光表面，那么用红外线照射时，它自然也是抛光表面。然而，如果用紫外线照射，它就是毛表面了。

现在让我们接着讨论，为什么擦过鞋油的鞋会闪闪发亮。擦鞋油之前，鞋子表面的凹凸度比可见光的波长长，它是毛表面。刷了一层鞋油，就相当于在毛表面上覆了一层薄膜，起到了弱化凹凸的作用。这样，鞋子表面的凹凸度就小于可见光的波长，即鞋子表面变成了抛光面，看上去也就闪闪发亮了。

透过彩色玻璃看到的世界是什么样的?

你有没有试过透过绿色的玻璃去观察红色的花？你知道这样看到的花会是什么颜色的吗？如果透过绿色的玻璃去看蓝色的花，看到的又会是什么颜色呢？

我们都知道，只有绿光才能透过绿色的玻璃。同时，红色的花只能反射红色的光。这就会导致透过绿色的玻璃看红色的花时，红色的花反射的唯一的光——红光被绿色玻璃阻挡了。所以，透过绿色玻璃看红花，花看上去会是黑色的。

同样的道理，透过绿色的玻璃去看蓝色的花，花看上去也是黑色的。

米·尤·比阿特洛夫斯基，一个对大自然有着敏锐洞察力的物理学家和画家，在他的著作《夏季旅行中的物理学》一书中，对上面的现象做了一番很有趣的解释：

> 透过红色的玻璃观察纯红色的花朵，比如天竺葵，花朵会非常明亮，就像纯白色的一样。透过红色玻璃观察到的绿叶则完全是黑乎乎的一片。透过红色玻璃看蓝色的花朵，花朵和叶子都是黑乎乎的一片，我们几乎找不到花朵。而黄色、玫瑰色和淡紫色的花，透过红色的玻璃观察，也会有不同程度的变暗。
>
> 如果我们改用绿色的玻璃观察，绿叶会变得极其明亮，白色的花在绿叶的衬托下显得非常闪耀。黄色的花和蓝色的花会稍微变暗。而红色的花则完全是黑乎乎的一片。淡紫色和淡粉色的花也会变得暗很多。这样看上去，淡粉色的蔷薇花瓣比它的叶子还要暗。
>
> 最后，我们再换用蓝色的玻璃观察红色的花朵，红色的花朵变成了黑色。白色的花朵依然很明亮。黄色的花朵也变成全黑的了。跟白色一样，天蓝色和蓝色也会变得很明亮。
>
> 根据上面的现象，我们不难得出，红色的花朵能够将更多的红色光线反射到我们的眼睛中。黄色的花朵则几乎反射了相等数量的绿光和红光，反射的蓝光却非常少。粉红色和紫色的花朵能反射很多的红光和蓝光，反射的绿光却很少。

趣味小知识：

偏光太阳镜具有将光偏极化的功能，能够有效阻隔有害光线却不影响可见光的透过，从而有效保护眼睛不受阳光中有害光线的伤害。偏光太阳镜的镜片颜色不同，其效果也不同。棕色或咖啡色的镜片，能够增强颜色对比，是司机开车时的首选。

铁路信号灯为什么要用红色的?

为什么铁路车站的信号灯要用红色的呢?

因为在所有可见光中，红光的波长最长，可穿透的距离比其他可见光都要长。我们知道，要想列车顺利地停靠在站台，火车司机要在很远的地方就开始刹车，因此，越早看到站台的标志，当然就越有利于火车司机提前做好刹车准备。

科学家用来拍摄星球图片的红外滤光望远镜，就是利用波长长的光线能在大气中穿越较长距离的原理制成的。这样的望远镜能够穿过层层云雾，拍摄到清晰的星球图片。而如果用普通的照相机，则只能照出一片片云。

另外，相对于蓝光和绿光，我们的眼睛对红光更敏感。这是信号灯采用红色的另一个原因。

第四章　一起体会一些视觉错觉

什么是光渗现象？

观察图 59，你有没有觉得图片下半部分白色的圆和正方形，看上去要比上半部分黑色的圆和正方形大。事实上它们是一样大的。距离图形越远，会觉得这种差别越大。这种现象被称为光渗现象。

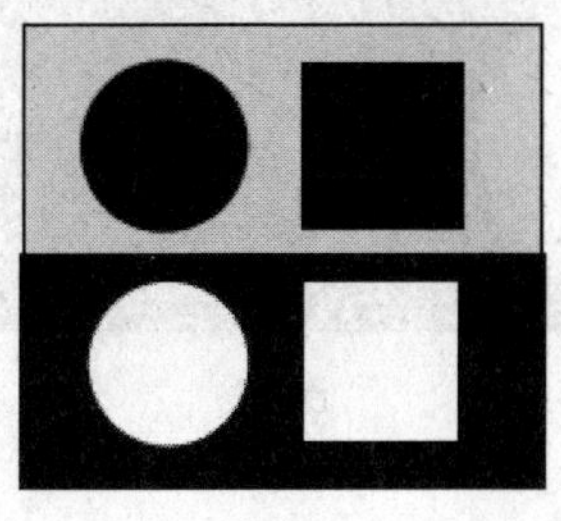

图 59

再来观察图 60，左边带黑色十字的正方形，其四条边的中部，看上去好像向里弯曲了，就像右边的这个图形这样。这也属于光渗现象。

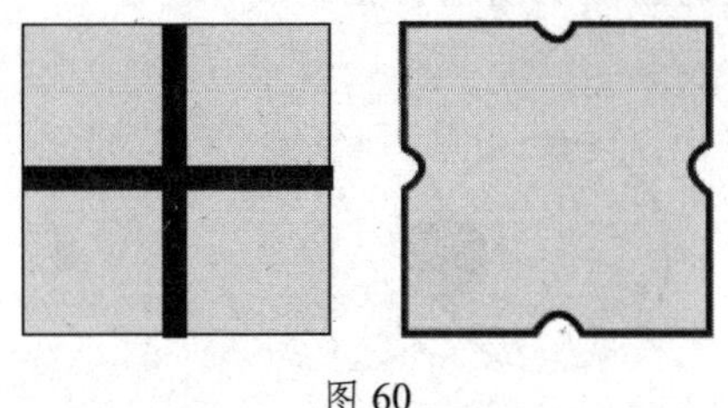

图 60

产生光渗现象的原因是，当物体的颜色很浅时，它的每一个点在我们的视网膜上的像都不是一个点，而是扩散成一个个小圆圈。之所以会这样，是因为我们的眼球是球形的，会产生球面像差。浅色物体的边缘在视网膜上是一条小光带，这样就扩大了它的面积。同样，浅色的背景也会侵占黑色物体的边缘，使得黑色物体看上去比实际的小。

马略特关于眼睛盲点的实验

把图 61 放在距离眼睛 20 ～ 25 厘米处，闭上右眼，用左眼盯着右上角的“十”字，你会发现中间的白色圆斑完全消失了，而它两边的两个小圆斑仍清晰可见。保持同样的距离，继续闭上右眼，用左眼盯着右下角的“十”字看，你会发现中间的白色圆斑只消失了一部分。

图 61

这是因为，在某个特定距离，圆斑的影像正好落在视网膜上视神经所在的位置，也就是盲点上。盲点对光的刺激不敏感。

接下来的这个实验是上面这个实验的变形。闭上右眼，用左眼观察右边的交叉线（见图 62）。在某一特定的观察距离，两个大圆中间的黑色圆斑会完全消失，但两边的圆圈仍清晰可见。

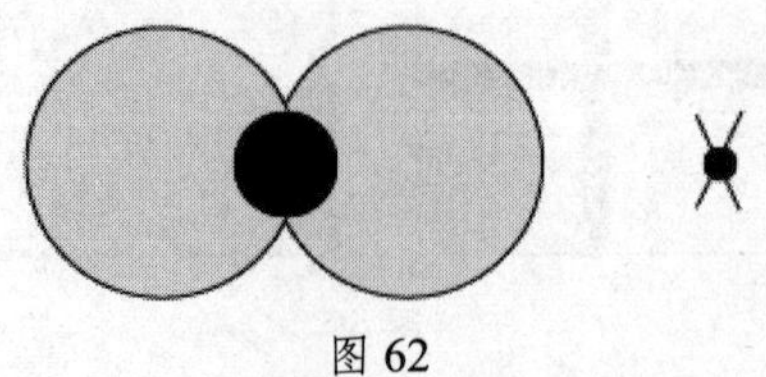

图 62

什么是像散现象？

闭上一只眼睛，观察下面几个字母（见图 63），你会很明显地感到其中一个字母比其他的更黑。但是，如果把这张图片旋转 45°或 90°，你会发现，颜色更黑的字母变成了另外一个。

图 63

这是由像散现象造成的一种视觉错觉，其原因在于眼角膜在垂直和水平方向上的弯曲程度不同。

这种视觉错觉是一种很普遍的现象，几乎所有人都会产生这种错觉。

图 64 也可以用来检验像散现象的存在。闭上一只眼睛，用另一只眼睛近距离观察，会发现有两个相对的扇形是黑色的，而另外两个扇形则是灰色的。

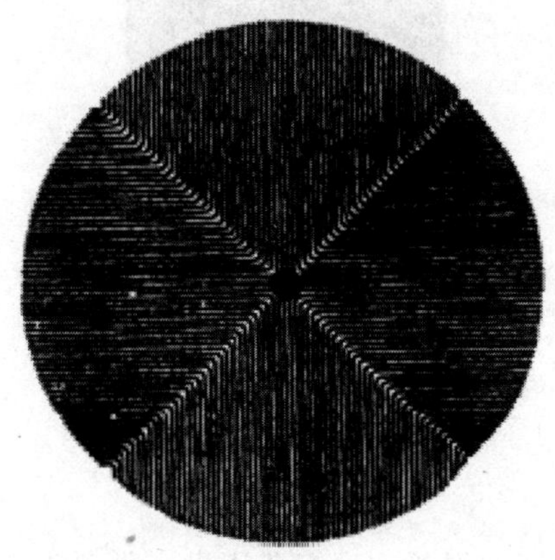

图 64

视觉暂留与视觉疲劳

把图 65 左右移动，你会惊讶地发现，图中的眼睛在动。

图 65

我们产生这种错觉的原因是，在物体退出我们视野的瞬间，我们的眼睛会短暂保留物体的影像信息。

将视线集中在图 66 上方的白色小正方形上，约 30 秒之后，你会发现下方的白色长条消失了，这是由视觉疲劳造成的一种错觉。

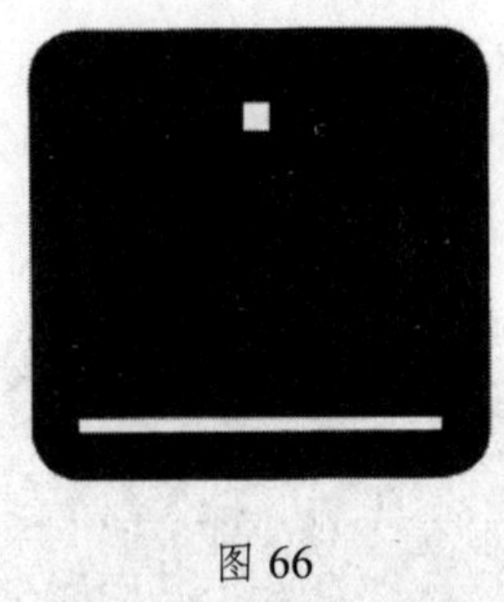

图 66

缪勒 - 莱尔错觉

观察图 67，仅凭感觉判断，我们会认为线段 BC 比线段 AB 长。而实际上，它们是一样长的。

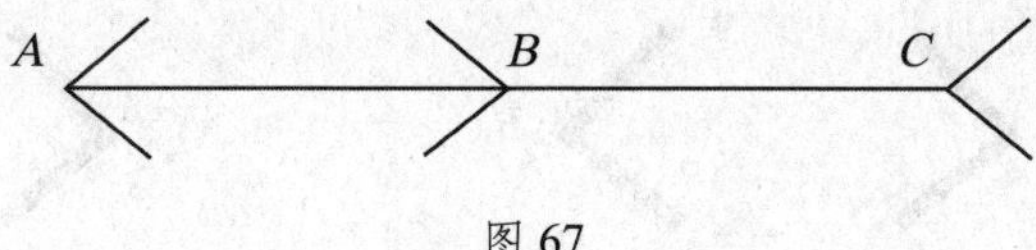

图 67

再看图 68，线段 *a* 看上去要比线段 *b* 长，而实际上，它们的长度相同。

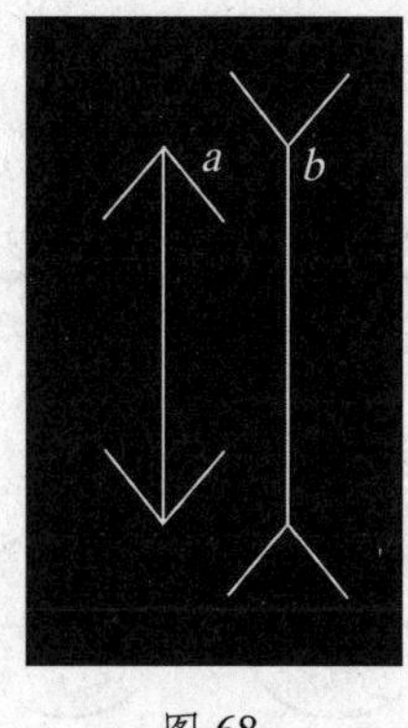

图 68

观察图 69 中的两艘船，会觉得上面这艘船的甲板比下面的长，其实，画两幅画时，甲板线条的长度是一样的。

图 69

在图 70 中，*A*、*B* 间的距离看上去比 *B*、*C* 间的距离小得多，而事实上它们之间的距离相等。

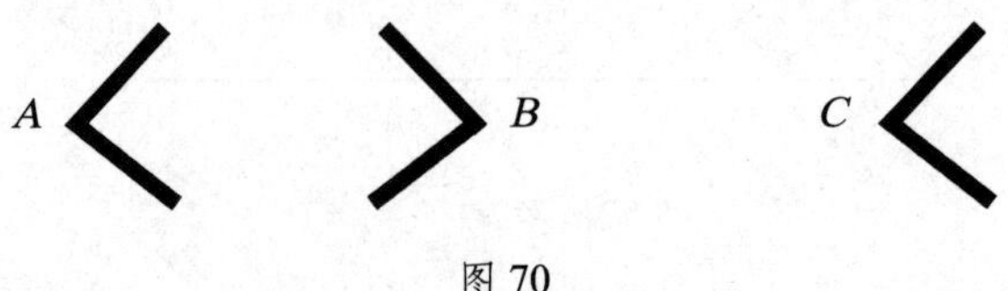

图 70

在图 71 中，*A*、*B* 间的距离看上去比 *C*、*D* 间的距离大很多，而事实上它们之间的距离相等。

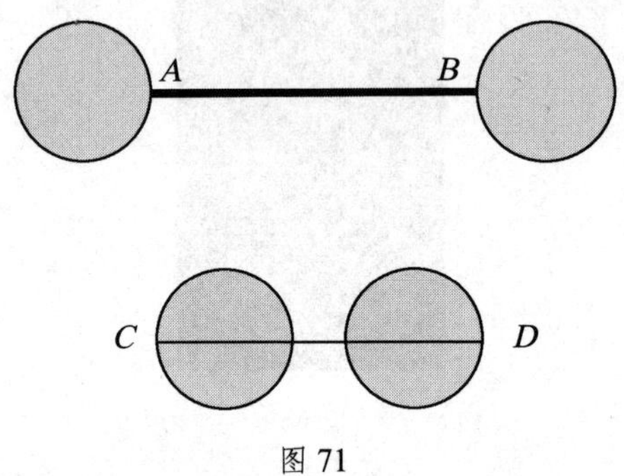

图 71

在图 72 中，位于底部的椭圆似乎比位于顶部的小椭圆大，而事实上它们一样大。

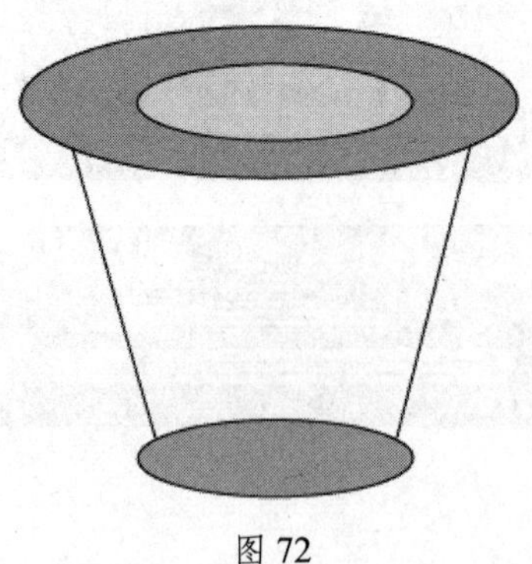

图 72

在图 73 中，线段 *AB*、*CD*、*EF* 的长度看上去并不是一样的，但其实它们是等长的。

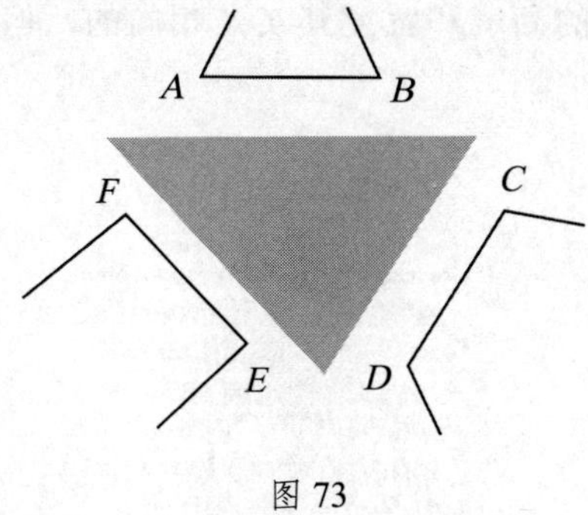

图 73

在图 74 中，左边带有横箭头的长方形，看上去比右边带有竖箭头的长方形长，但事实上它们的长度相同。

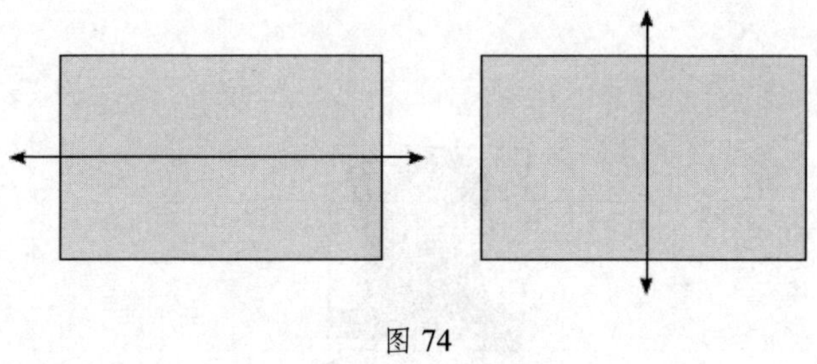

图 74

在图 75 中，图形 I 和图形 II 是边长相等的正方形，但看上去前者比后者高且窄。

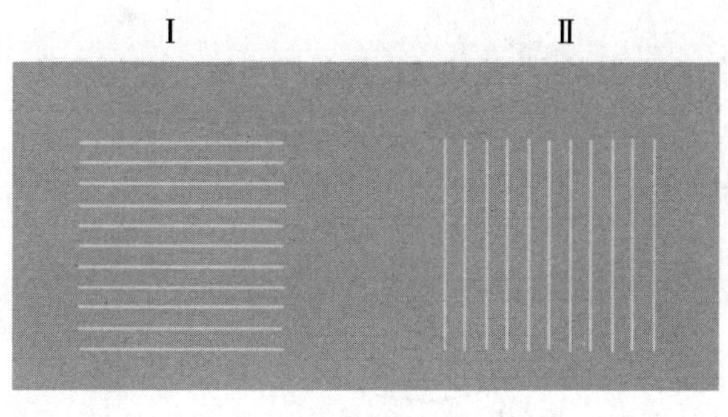

图 75

在图 76 中，图形的高度和宽度其实是相同的，但看上去其高度明显比宽度大。

图 76

在图 77 中，礼帽的宽度和高度是相等的，但看上去其高度明显大于宽度。

图 77

在图 78 中，线段 AB 与线段 BC 等长，但看上去前者似乎要长一些。

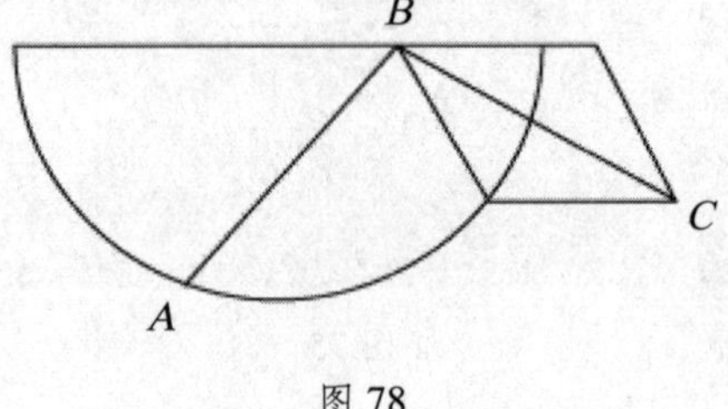

图 78

在图 79 中，M、N 间的距离看上去比 A、B 间的距离要小一些，其实它们之间的距离相等。

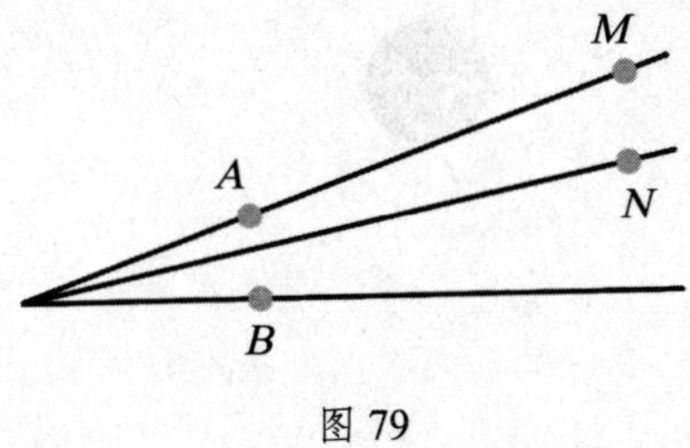

图 79

在图 80 中，竖直放置的木板看上去比平铺在下面的木板要长一些，然而事实上它们的长度相等。

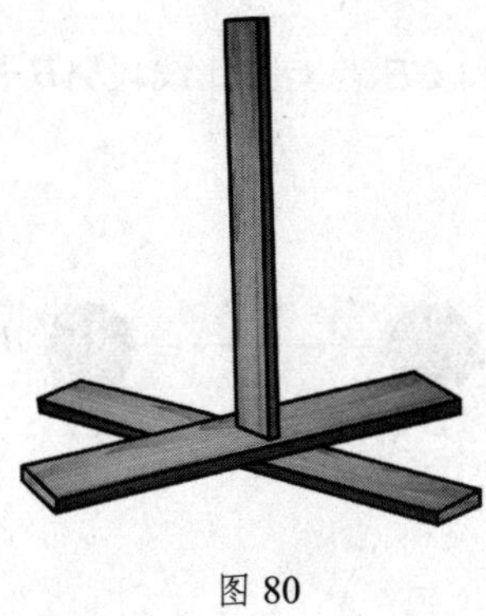

图 80

在图 81 中，左边的圆圈看起来比右边的要小一些，然而事实上它们一样大。

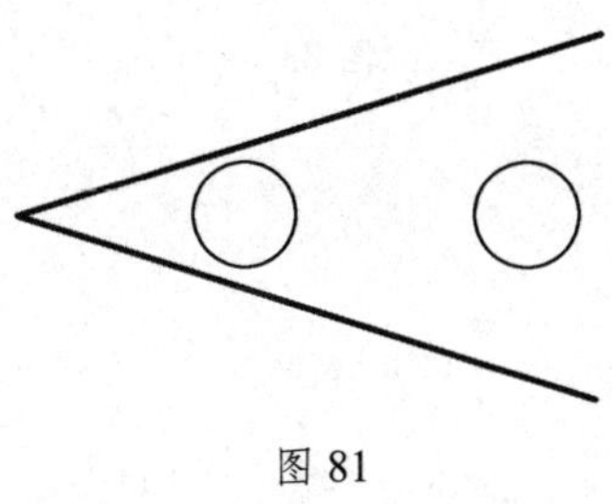

图 81

在图 82 中，*A*、*B* 间的距离看上去比 *C*、*D* 间的距离要小，然而事实上它们之间的距离相等。并且从越远的地方观察，这种错觉就越明显。

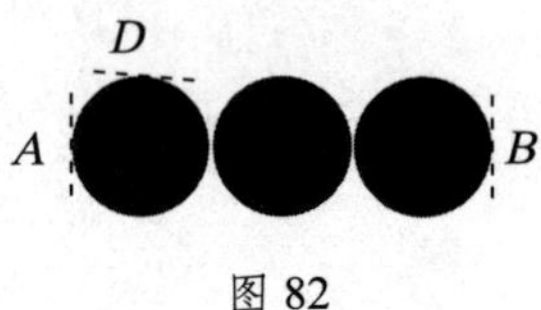

图 82

在图 83 中，线段 *CD* 和 *CE* 看上去比线段 *AB* 长，但事实上它们的长度是相等的。

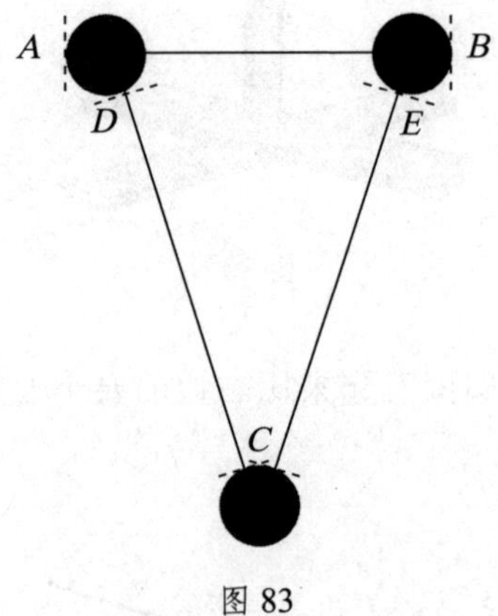

图 83

趣味小知识：

缪勒－莱尔错觉是几何视错觉中的一种长度错觉，由德国生理学家缪勒－莱尔（1857—1916）提出。

几何视错觉是视错觉中被研究得最多的一种，是指视觉上的大小、长度、面积、形状、方向、角度等几何构成和实际测得的数值有明显差别的视错觉，其中包括长度错觉、大小错觉、形状错觉、方向错觉等。

“烟斗”错觉

观察图 84，你会觉得，右边的横线明显比左边的横线短一些，但事实上它们的长度相等。

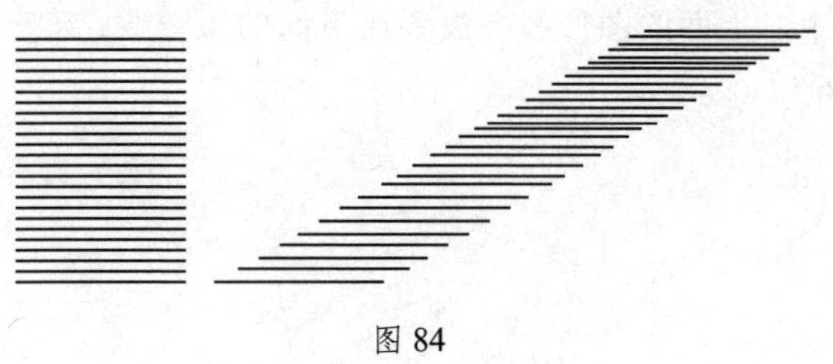

图 84

波根多夫错觉

从远处观察图 85，会觉得与黑白条纹相交的斜直线是折线。

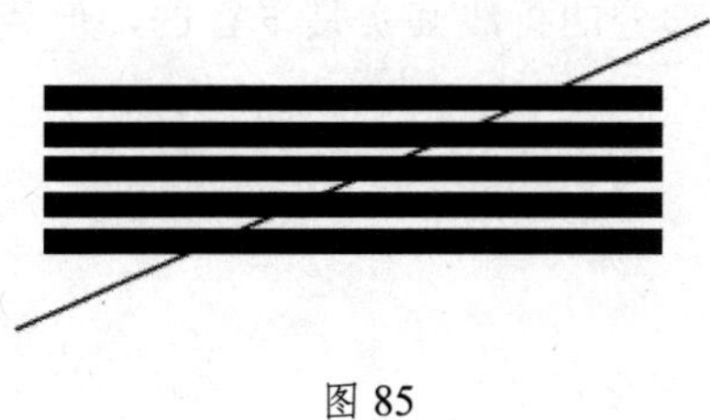

图 85

在图 86 中，C 点在直线 AB 的延长线上，但看上去是在 AB 延长线偏下的位置。

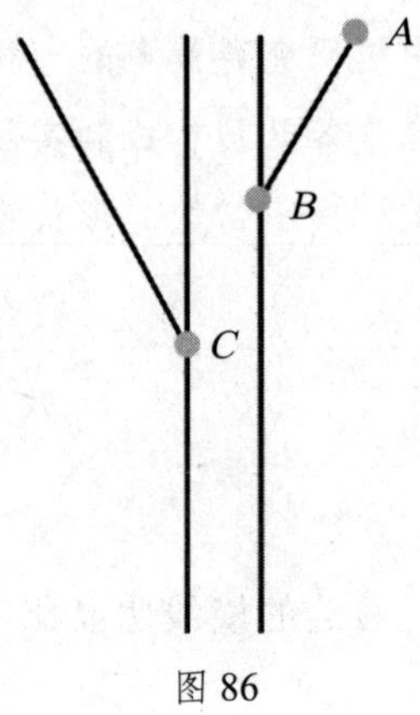

图 86

在图 87 中，上面的图形看上去要比下面的短一些、宽一些，其实它们是完全一样的。

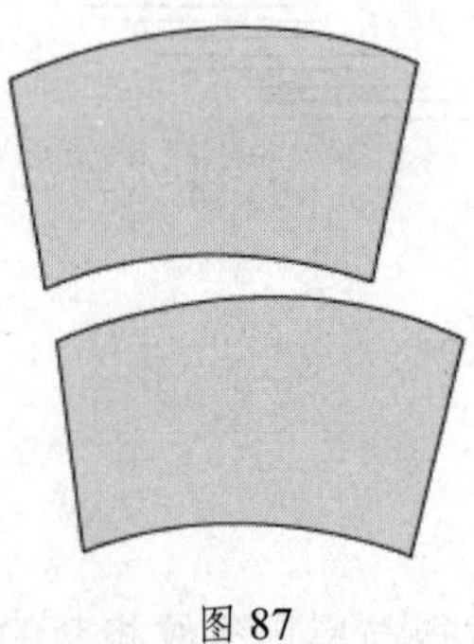

图 87

在图 88 中，中间部分的折线其实是平行的，但我们直观上总觉得它们不平行。

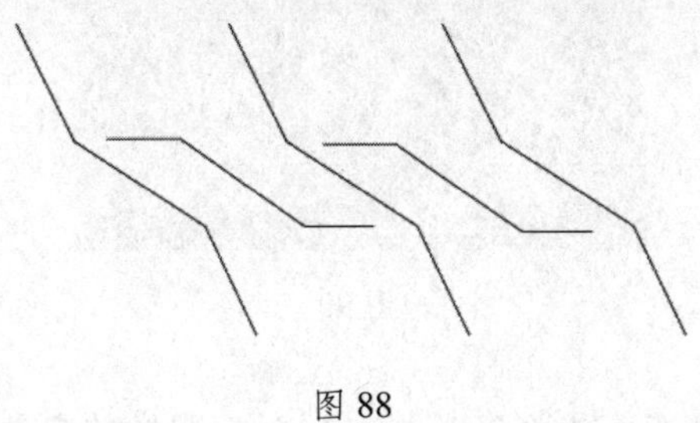

图 88

> **趣味小知识：**
>
> 一条直线被两条平行线隔断，被分开的两条线段看上去会有些错位。这种错觉就是波根多夫错觉。

策尔纳错觉

在图 89 中，长斜线其实都是平行的，尽管看上去并非如此。

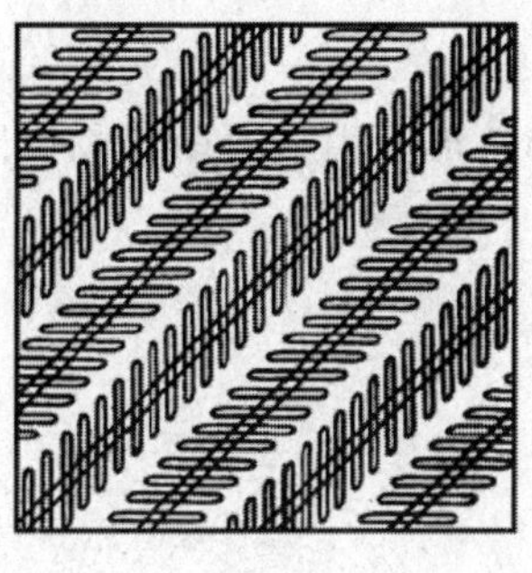

图 89

黑林错觉

在图 90 中，中间两条线是水平的平行线，但看上去它们是两端凸起的弧线。

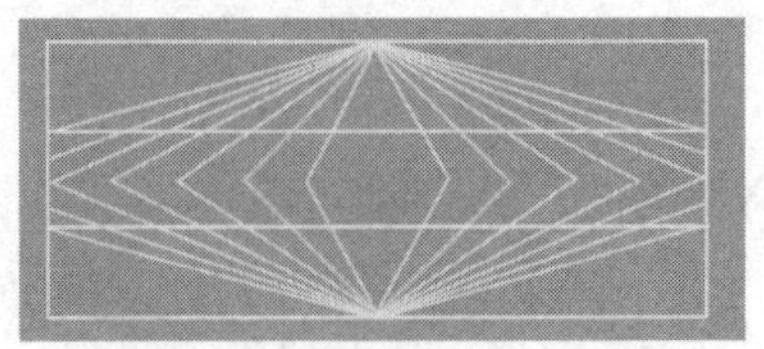

图 90

在下面两种情况下，错觉会消失：（1）把图像放在与眼睛相同的高度，用目光顺着直线扫射。（2）用铅笔尖指着图形上的某个点，并把目光集中在这个点上。

在图 91 中，两条弧线的弧度是一样的，但是看上去上面的弧度更大。

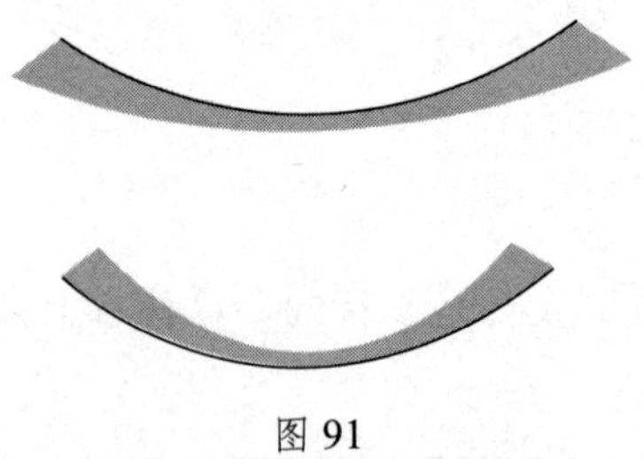

图 91

在图 92 中，中间的三角形是由直线段组成的，但看上去三角形是向内凹陷的。

图 92

图 93 中的这些字母都是用直线段画出来的，但看上去并非如此。

图 93

图 94 中的曲线是一些沿着逐渐变细的黑色条带所画出的圆圈，却呈现出螺旋线的既视感。

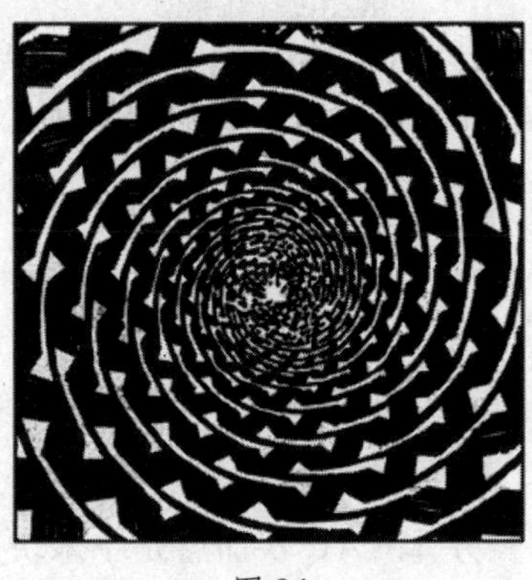

图 94

图 95 中的曲线实际上是圆形的，但看上去却是椭圆形的。

图 95

施勒德阶梯

观察图96，你觉得图中画的是什么？你可能有三种答案：楼梯、阶形凹槽、被折叠之后又展开的纸带。你甚至可以随个人心意，让这些形象交替在眼前出现。

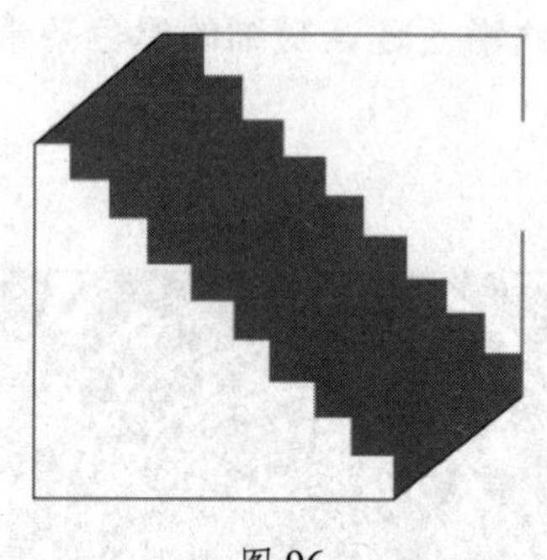

图96

再观察图97，你觉得图中画的什么？你也可能有三种答案：第一种是缺了一块的长方体（*A*、*B*面就是缺失部分的后壁和下壁）；第二种是一个角上多了一个小木块的长方体（*A*、*B*面就是小木块的前壁和下壁）；第三种是一个开口向上的空箱子的一部分（一个底面和两个侧面）和一个紧贴箱子内壁的小木块。

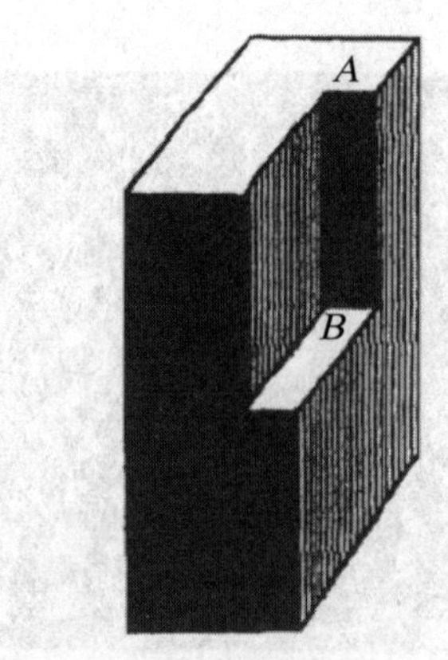

图97

时隐时现的点

观察图 98，你是否会觉得在白色线条相交的地方，有灰色的方形小点时隐时现。如果我们把要观察的白线周围的黑块都遮起来，就能清晰地看出白线。这是一种对比效应。

图 98

图 99 是图 98 的变式。在图 99 中，若隐若现的是黑色线条上的灰色斑点。

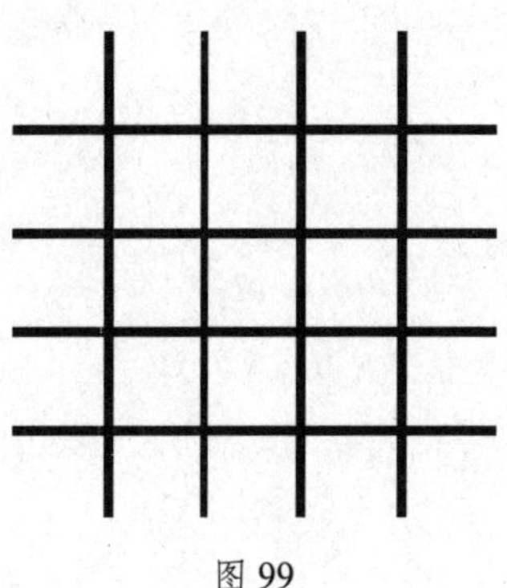

图 99